U0266054

用户体验设计

创意交互数字空间概论

原文书名：User Experience Design
原作者名：Mark Wells

著作权合同登记号：图字：01-2024-5351

图书在版编目（CIP）数据

用户体验设计：创意交互数字空间概论 /（英）马克・威尔斯著；武豪译. -- 北京：中国纺织出版社有限公司，2024.10. --（“设计学”译丛 / 乔洪主编）.
ISBN 978-7-5229-2174-7

Ⅰ.TP311.1

中国国家版本馆 CIP 数据核字第 2024RU1781 号

责任编辑：华长印　许润田　　责任校对：王蕙莹
责任印制：王艳丽

中国纺织出版社有限公司出版发行
地址：北京市朝阳区百子湾东里 A407 号楼　邮政编码：100124
销售电话：010—67004422　传真：010—87155801
http://www.c-textilep.com
中国纺织出版社天猫旗舰店
官方微博 http://weibo.com/2119887771
北京华联印刷有限公司印刷　各地新华书店经销
2024 年 10 月第 1 版第 1 次印刷
开本：787 × 1092　1/16　印张：10
字数：175 千字　定价：128.00 元

凡购本书，如有缺页、倒页、脱页，由本社图书营销中心调换

"设计学"译丛 | 乔洪 / 主编

用户体验设计

创意交互数字空间概论

User Experience Design

An introduction to creating interactive digital spaces

[英] 马克·威尔斯 / 著

武　豪 / 译

中国纺织出版社有限公司

目录

“设计不仅关乎其外观与感觉，重要的是其机制本身。”

史蒂夫·乔布斯（Steve Jobs）

概述

如果你正涉足包含用户体验设计（user experience，UX）的创意视觉领域，或者你具有创意设计专业背景并希望获得对UX设计的广泛了解，且希望聚焦于用户本身，并关联数字化及复杂设计环境，那么本书将十分契合你的需求。本书将探究一些常用的设计方法，以及如何利用这些方法为客户创建有吸引力的解决方案，探索识别和理解产品受众的不同方法，并帮助你开发设计产品的内容和视觉界面。本书将帮助你利用现有设计技能，利用基于屏幕显示的数字解决方案开发创新有吸引力且令人兴奋的产品。

唐·诺曼（Don Norman）是最先使用“用户体验（User Experience）”一词的学者之一，将用户体验定义为“体验万物”，涉及用户使用产品的全过程，而不仅仅是单一流程的使用体验，如一个网站。雅各布·尼尔森（Jakob Nielsen），为该领域最重要的专家，通过“用户体验是关于人本身的研究”来强化这个定义——与技术或计算机无关，而是与创建解决方案的用户和设计团队有关。尼尔森确定了用户体验中的三个不变原则，这些原则为本书的关键领域提供了参考：了解用户、测试想法并迭代设计。

本书使用一系列术语来展现为交互而创建的设计内容，通常称其为“产品”。传统意义上的产品或产品设计，通常使人想到有形的三维物体，但产品一词的意义已不断发展变化，现也包含虚拟对象如传统网站、增强或虚拟现实，甚至语音用户界面，以丰富的形式呈现——这些都是作为用户体验设计师可能创建的产品及设计解决方案。

本书不同章节内容体现了用户体验设计的基础流程：

1. 理解认知
2. 研究、发现、分析和定义
3. 开发创新

第一部分：方法和路径 本部分阐明了解决设计问题的不同方法和途径；帮助设计师了解客户以及他们对设计的要求，创建设计概要并与你的客户和团队其他成员建立良好的合作关系；探索可用于与产品受众互动的不同平台的可能性。

第二部分：认识受众 本部分说明如何通过用户研究（包括数据收集和分析）来识别和了解用户；学习如何以最有效的方式展示你的用户研究结果——使用视觉化设计和讲故事的方式。通过创建角色、用户故事、旅程图和移情图，加深对用户的理解；进行用户测试以帮助您发现问题，并为进一步创新迭代提供信息。

第三部分：优化产品 本部分阐明了跨设备数字界面设计的考虑因素，

数字设计并不总是发生在屏幕上。

如通过结合语音指令、增强或虚拟现实来超越屏幕外的综合数字化设计；有效地规划你的设计内容，确保其与你的视觉设计一样行之有效，同时支持搜索引擎优化，使你从竞争对手中脱颖而出，并增加产品流量的策略整合；创建可视化产品原型，改进设计并排除故障。

用户体验设计方法具有高度可移植性，且可应用于广泛的学术研究中。本书包含大量实操案例，从艺术项目到商业项目，且无论规模大小，都向设计师展示了可以实现的目标，并让其充分了解商业环境中的设计可能性。设计师亲身实践的项目案例研究提供了进一步的设计实操及理论见解。本书向您介绍了用户体验设计师所需的基础理论知识，以及其所需要的实践技能和设计过程中应该了解的其他方方面面，以便开展团队合作并有效管理与客户的关系。

“用户体验是关于人的研究，并非某项技术或计算机，而是人本身。”

用户体验先驱雅各布·尼尔森（Jakob Neilsen）

第一部分

方法和路径

12–55

1.1 设计方法

有数百种方法可以用来解决数字化设计问题。当你刚刚收到研发任务目录或开始一个全新项目时，了解从哪里开始以及哪些方法适合特定的产品且最有效，这可以为你节省大量时间和减少不必要的麻烦。本节将介绍一些关键的设计方法，并以此为起点来探索如何专门为数字化设计受众制订解决方案。

虽然设计的范式及流程意味着需要遵循一系列固定步骤来生成设计解决方案，但在真实的设计实践中，应更加变通。设计的过程是创造性的，并且是为了解决问题而存在的，是理解某些乍一看似乎难以理解的问题的操作指南，更是一种思维方式（图1）。

每个设计项目都会有起有落，有时你肯定会感到茫然，但关键在于如何认识到这一点并找到渡过难关的最佳方式。

一种有效的方法是在行动前先标出整个过程的关键部分并将其绘制出来，以便您有一个大致的技术路径可以遵循。设计的过程可以被视为里程

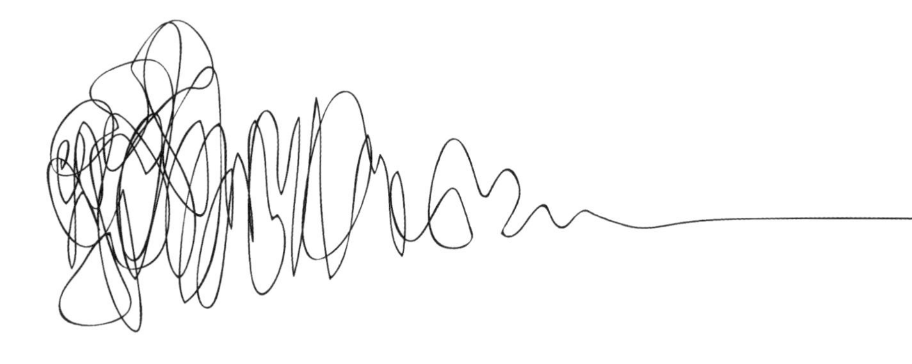

图1 设计过程不是线性的——它充满了曲折。

碑和设计工具的整合，你可以使用其解决设计概要。每个设计概要都需要一些不同的设计方法，关于设计流程、原则或工具的变化。

若遵循特定的公式技法开展设计方法的研究，就会毫无乐趣，且会产生一些非常奇怪的解决方案！有很多的设计方法可以帮助设计师形成一个设计模型框架，你可以使用该框架来实施设计项目。这包含了设计协会（Design Council）的创新模型架构、全球创新设计咨询公司（IDEO）公司的"以人为本（Human-centred Design，HCD）"和谷歌风投（Google Venture，GV）团队的"设计冲刺"。这些方法都结合了批判性和创造性思维来创造成功的设计产出。

瀑布式设计流程
（The Waterfall Approach）

传统的产品设计开发模型示意（在某些描述中用词或有不同）（图2），瀑布式设计流程。

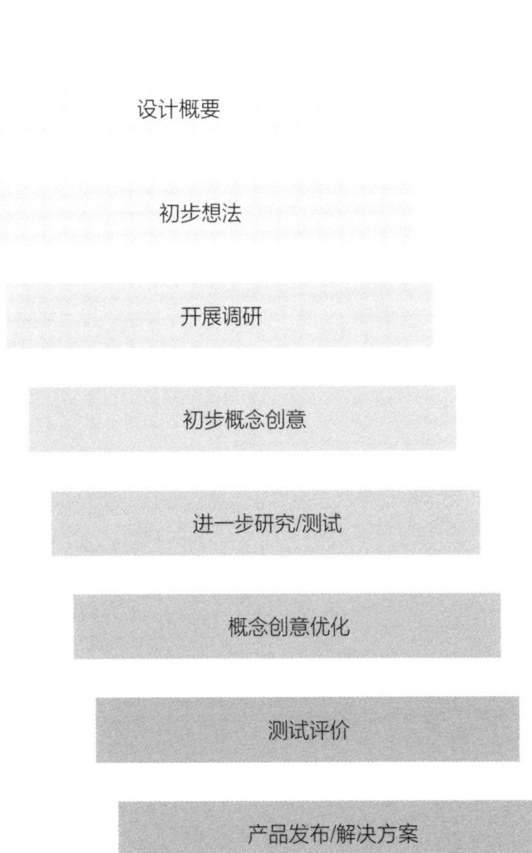

图2 传统的瀑布式设计流程。

该方法意味着设计是一个线性过程，可事实并非如此。探寻设计的解决方案是繁复的，即便在开展设计时都使用了相同的设计方法，但针对具体设计问题产生的细微差别也将带来不同的设计产出。繁复和非线性意味着设计师可能会经历沮丧和兴高采烈的情绪颠簸。但其也让设计师有机会采用不同的方法来寻找解决方案。

协同设计方法（Collaborative Approaches）

随着设计本身的发展和变化，设计方法也在不断变化。如今，设计越发注重专家与用户的协作，其设计方案需满足这些用户的需求。协同创造、协同设计或参与式设计，设计思维模型（Design Thinking）和以人为本的设计方法都是以协作为基础的方法。这些方法经常被人们提及，是因为它们可以很好地扩展应用到创意设计之外的领域，并因此受到资本追捧。企业通常将设计视作发现问题和寻找解决方案的架构。

协同创造（Co-creation）是一种要求用户在与企业一起制订解决方案，或用户在产品研发的过程中发挥关键作用的方法。在协同创造或传统上曾称为参与式设计（Participatory Design）中，用户在项目设计层面扮演重要角色。设计思维模型（Design Thinking）依靠创意本身作为解决问题的手段，并且更聚焦于用户解决方案。这些方法都强调相互协作，而非孤立对待。

设计思维模型可应用于比视觉设计更广泛的领域，其理论模型的重要组成是将人/用户置于寻找解决方案的核心。IDEO是一家全球化的设计公司，构建了以人为本的设计模型。IDEO将设计思维定义为“一种通过创造力解决问题的方法”。

以下设计方法和途径概括了设计思维、协同创造、协同设计或参与式设计的要素。

设计冲刺（Design Sprints）

谷歌风投团队的杰克·纳普（Jake Knapp）研发了设计冲刺理论。此流程用于创建谷歌邮件（Gmail）和谷歌消息（Hangouts）等产品（图3）。

谷歌风投应用设计冲刺理论专注于设计创意、产品原型和测试评价，而非产品构建或发布。设计冲刺理论不仅适用于基于数字化的产品，也可用于其他类型的产品开发，如教育与建筑等。谷歌风投将这一理论形容为“商业战略、创新、行为科学、设计思维等的‘最伟大成果’”。

设计冲刺理论将人们聚集在一起形成设计团队、协同探索和寻找问题的解决方案。该团队无须来自一个已经存在的团队，团队的多样与包容是有益的。设计冲刺理论可以为人们提供为设计献计献策的机会——与传统的头脑风暴（Brain Storming）不同，传统的头脑风暴会议有时会导致只有发声最大的人表达他们的想法。设计冲刺理论可以同时建立良好的客户关系，并且深入地了解产品与客户。设计冲刺理论并非盲目遵循某个固定的流程，

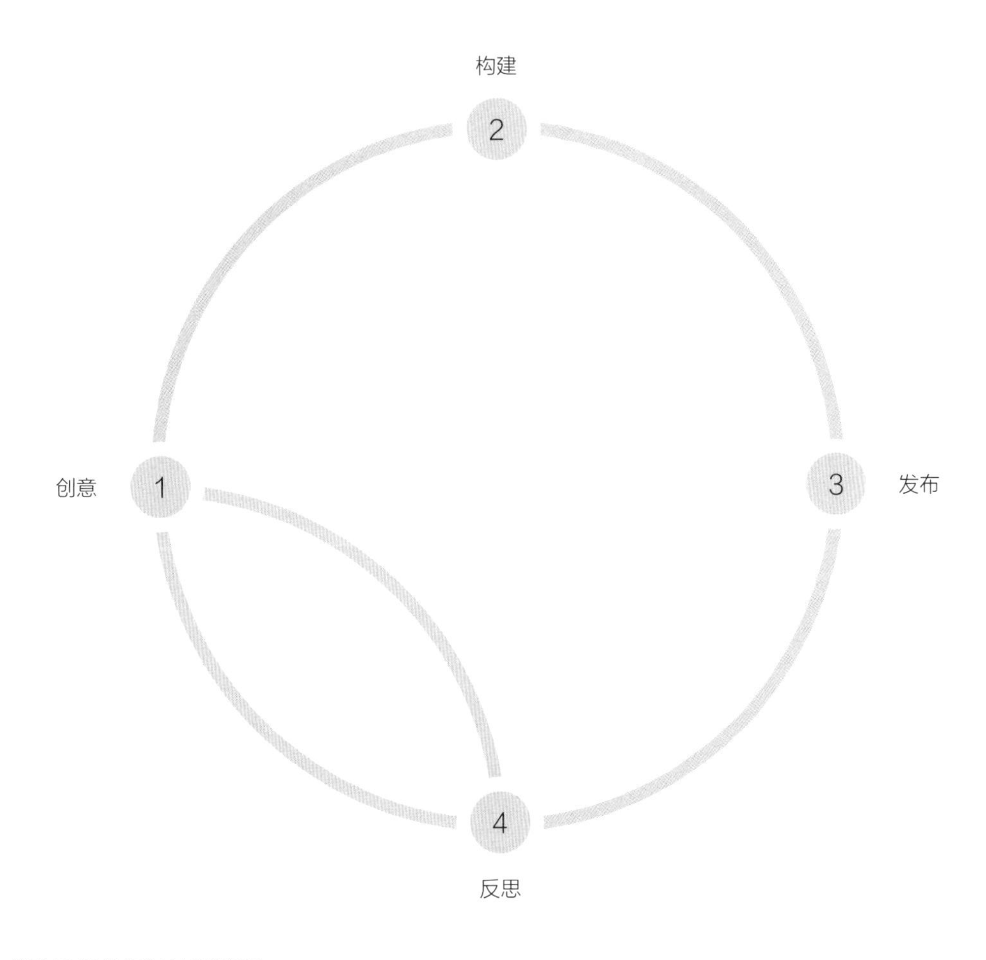

图3 谷歌风投的设计冲刺流程。

其通常隶属于一个更大范畴的设计研究、产品开发和产出的过程中。

一旦形成了设计想法或初始概念，通常会使用设计冲刺理论来识别问题并生成解决方案。由于人力和时间的投入相对较大，对于需要专门研究和解决的重大设计挑战，设计冲刺理论通常是有效的。其难点与挑战在于，并非一定要产生全新的创意，也可以凝练和发散现有创意。设计冲刺通常会持续1~2周（根据项目进行调整），并以产出设计提案或产品原型为实践产出。

在设计冲刺实施期间，团队将齐心协力完成以下关键阶段：

- 勾勒出想要实现的具体目标，定义设计问题并确定初始方向
- 明确如何实现目标以及在此过程中可能面临的挑战
- 通过思辨，明确关键相关者，通过非正式的沟通交流，或许能够回答和解决一些问题
- 提出概念方案，并进一步探讨其潜在可能性方案
- 设计评价，为产品原型测试做好准备

"有效的协同并非对设计进行简单粗暴的传递，而且需要设计师、工程师及所有团队成员共同承担职责，并带来优质产品。"

GitHub首席设计师戴安娜·蒙特（Diana Mounter）

创新架构（The Framework for Innovation）

创新架构（图4），设计协会（Design Council）的方法论旨在“实现重大且持久的积极变化”。其被许多组织使用，与设计思维模型和设计冲刺类似，以用户为中心，并以反思和迭代为其方法的核心——涉及实施、测试和将用户放在第一位。然而，与设计冲刺不同的是，其涵盖整个设计过程，而不仅仅专注于测试和想法阶段。该框架已被从交通到教育等领域的公司使用。该方法论非常适合包含一系列不同群体的项目，可以在关键阶段引入这些群体来帮助确定项目的方向。

设计协会创建的用于描述其框架的原始“双钻模型”图非常易读，尽管在很多方面都过于简化，并且暗示该方法具有相对公式化的特点。但其也使设计团队之外的项目关键成员开始了解设计师为产生设计产出而经历的过程。这使创新框架能够被其他团体理解和使用，以“解决一些最复杂的社会、经济和环境问题”。该框架对于有许多相关者共同协作开发不同学科交叉融合挑战的项目特别有效，他们可以聚集在一起创建以用户为中心的协作解决方案。

条款契约

连接各节点，在不同人们、相关者和
合作伙伴之间建立关联

设计
原则

1. 以人为本
2. 沟通交流（可视化 & 包容性）
3. 协同 & 共创
4. 迭代、迭代、迭代

挑战

探索

定义

研发

呈现

产出

方法库

探索、塑造、构建

建立促进创新的关联性，包括文化变
革、技能和思维方式

领导力

图4 设计协会创新架构。

1.2 数字化设计方法

上一节阐述了一些设计方法，这些方法并非仅针对数字化产品。本节将介绍另外一些设计方法，虽然这些方法可扩展至其他领域应用，但对于数字空间来说是独一无二的。

数字空间设计具备一系列特征鲜明的挑战。对数字化用户体验设计架构而言，通常以吉莉安·克兰普顿-史密斯（Gillian Crampton-Smith）的交互设计理论基础为起点。站在实操角度，可使用以下列表快速轻松地询问交互对象，无论是火警警报系统设计还是网站设计。

优秀的交互设计需体现：

- **清晰干净的交互模型**——于我们所要产生交互的对象之间
- **安全舒适的反馈**，便于我们知道已经做了什么，以及是什么时候做的
- **导航性**，尤其对于屏显内容。设计师需要知道其在系统中的位置以及可以在那里做些什么、下一步可以去哪里以及如何返回
- **一致性**，以便在系统的不同位置体验到相同的响应
- **直观的交互**，最大限度地减少了操作该系统所产生的思考负担，使我们能够专注于交互行为目标

- **响应行为及质量**，不仅需要设计外观视觉，还要设计交互行为，从而带来正确的、高质量的交互。

数字空间的瀑布式设计流程

在传统产品设计领域的瀑布式设计流程中（见“瀑布式设计流程”，第13页），每个阶段都不重叠并且基本是独立的。一旦一个团队完成了一个阶段并交给下一个团队，下一个阶段就可以开始，两者永远不会真正交叉。对于协同开发新的数字产品解决方案，这样的流程是一个功能失调、缓慢且艰巨的过程。当一个企业使用这种方法来应对高辨识度的问题和千变万化的市场时，可能需要很长时间才能对其产品进行更改迭代，以至于更新的产品在发布时就已经过时了。

瀑布式设计流程在数字化设计中占有一席之地（图5），尽管其“仅适用于某些类型的系统”。比如说，瀑布式设计流程可用于如安全系统、大型软件系统和嵌入式系统等数字和物理系统必须同时工作的环境中。然而，软件开发人员通常会采用优于瀑布式设计流程的方法，如敏捷思维和增量模型，我们接下来将讨论这些方法。

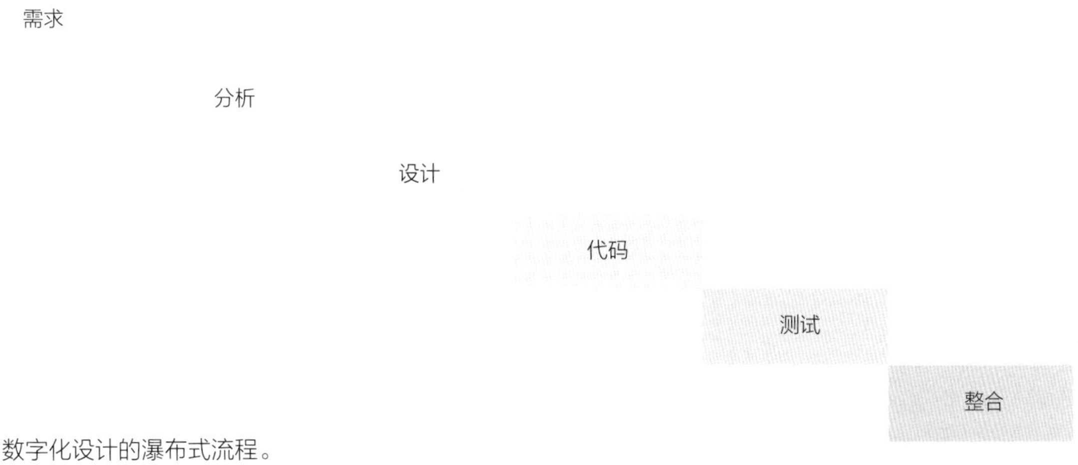

图5 数字化设计的瀑布式流程。

敏捷思维（The Agile Mindset）

敏捷设计具有迭代性——其具有重复的且快节奏的独特开发周期（图6）。该概念的基础是通过较小而非较长的开发周期不断改进产品（如网站），从而为研发解决方案创造更快的响应时间。这使得由用户测试、市场变化或技术发展而驱动的新功能能够更快地呈现。因此，其往往成为软件开发人员选择的设计方法。

在敏捷思维模型中，通常基于用户故事与功能特点，提供设计解决方案。例如，在网站设计迭代中，并非单次迭代单一元素，而是根据用户对网站的整体使用流程进行整合迭代（更多内容请参考用户故事部分，见“讲故事”，第87页）。敏捷方法的迭代性意味着数字产品或解决方案可能会在最终版本之前便发布；这就是为什么设计师经常会在已公开的应用程序或网站上看到“测试版”“开发版”或“预览版”。敏捷方法的挑战是跟踪明确最终目标并带来解决方案的整体流程和架构。良好的敏捷开发流程会将这种挑战转移给优秀的产品经理和系统架构师。

图6 敏捷开发循环。

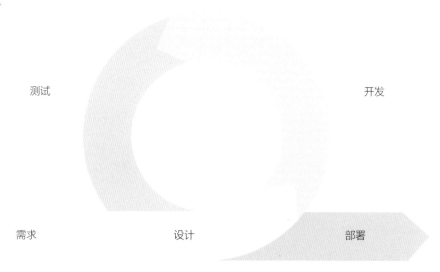

敏捷思维也会采用“冲刺（Sprints）”，这与设计冲刺方法没有什么不同（见“设计冲刺”，第14页）。敏捷冲刺保持较短周期（1~4周，通常为2周），以确保对最终用户和设计产出的聚焦。在每次冲刺后或在下一冲刺期间收到用户反馈是较为常见的。有些冲刺可能会专注于产品原型设计，而另一些冲刺则专注于开发，但每个敏捷冲刺都应该包含设计、开发和测试三个元素。

敏捷思维的流程可能看起来与其他方法相似，但其是在更短、更集中的周期中执行，而不是整体项目的一个周期。敏捷方法是对设计项目做出响应和回馈，而非反思性和整体性的。

增量模型（The Incremental Model）

增量模型（图7）与敏捷过程没有什么不同，并且两者存在显著的重叠，尽管增量模型具有更长的周期和更大、更全面的系统构建视野。从一组需求中生成一系列增量，以便每个增量都建立在前一个增量的基础上，如每次增量都可能为产品带来新的功能。然而，每个增量都有其自己的设计和开发、测试和执行阶段。

图7 增量模型。

迭代（Iterativc）

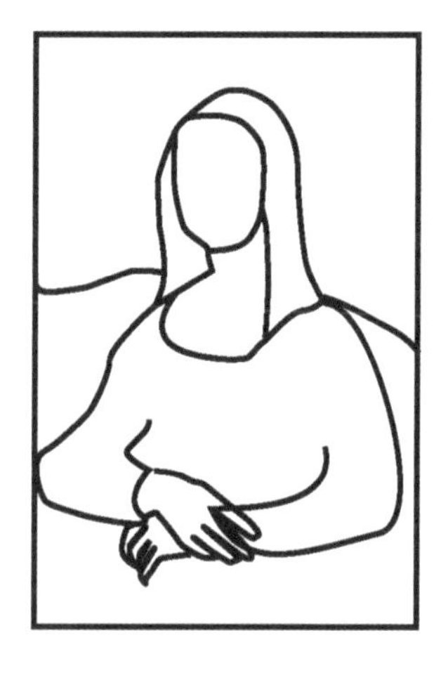

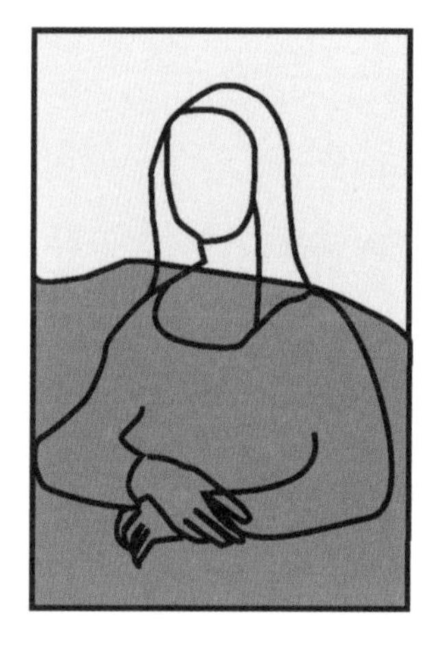

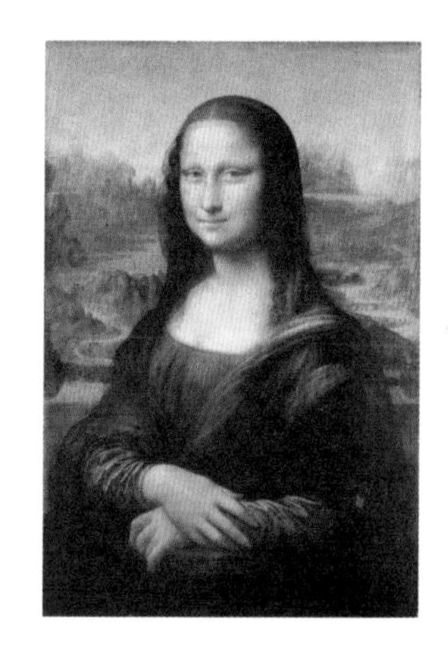

增量（Incremental）

迭代与增量（Iterative and Incremental）

Scrum流程（The Scrum Process）

虽然Scrum流程本身并非一种设计方法，但它与敏捷思维、增量模型和设计冲刺相关联（图8）。Scrum与敏捷方法没有什么不同，但其重点是项目的组织以及团队协作，而非聚焦团队正在创建的产品或解决方案（图9）。Scrum在开发人员和更广泛的组织团队间提供了透明度，并有助于搭建非层级团队，使项目被分解为可管理的各个任务。

Scrum团队由不超过7名成员组成，工作以2~4周的冲刺周期来进行，由产品负责人决定优先级以及解决方案，如通过用户故事（User Story）。将项目分解为各产品待办列表，以所有团队成员为整体，对最高优先级事项开展研发。冲刺将在设定的时间内进行，如果其中某个项目未完成，它将被反馈到产品待办事项列表中。在冲刺期间，问题与各事项会在每日的团队快速会议中共享。

图8 设计过程可以是迭代的（如敏捷思维）、增量的（如增量模型）或两者兼而有之。

图9 Scrum流程。

Scrum流程很容易扩展实践到产品设计开发之外的领域，其已成为设计冲刺团队的常用设计架构。

设计系统（Design Systems）

设计系统类似于品牌指南，概述了如何使用品牌的视觉库，但又略显复杂，因其包含较多其他元素并聚焦于用户体验。在数字化设计和开发环境中，设计系统完善了对于特定需求元素的整合。因此，设计系统被认为是一种数字设计方法。

设计系统有许多具有明确标准的可重用组件，使它们能够在不同的解决方案中创建一致的体验（图10）。这些组件不断完善及更新迭代。设计系统的本质是一个鲜活的工具包，需要使用设计系统的团队都必须意识到它并接受它——一个团队努力创建了一个设计系统，但未将其引入其公司并坚定执行，这是没有意义的。作为设计系统创建和修订的一部分，应在开发周期的适当阶段咨询用户，因为该系统终将被用户所感知并体验。

除构成公司形象的视觉元素外，设计系统可以包括设计原则、最佳实践、文档、用户界面（或称为视觉图案库）、代码、编辑指南等。由于设计系统涉及的组件范围广泛，因此其通常涉及多学科交叉，包括团队中的开发人员、工程师、视觉设计师和内容创建者，这意味着每个人都扮演着自己的角色并在设计系统中发挥其作用，设计系统并非单一学科范畴。多领域交叉协同作业有利于进一步完善用户体验这一企业或项目团队的共识目标。

设计系统还具有灵活性，因此可以在保持品牌设计元素一致性的前提下，完善特定设计内容及需求。其同样支持快速原型设计和迭代，因为如图形、代码和其他类型的组件已被创建。随着企业对产品优化及快速发布需求的进一步提升，这种快速原型设计和迭代是尤为重要的。

通常很难预见品牌设计资产的所有可能使用方式。但拥有具备跨平台与新空间通用属性的设计元素可实现不同产品及平台的设计一致性——尽管其尚未被创建。这是品牌指南等数字产品的自然进化，其主要随着数字环境的发展及需求而产生。设计系统可以实现统一的概览效果，使一个企业的方方面面不会在视觉及交互层面被分割开来，从而创造其一致性——尤其在涉及复杂多样的团队及产品时，而且这些产品被要求以统一的方式运作。

图10 谷歌物料设计系统（Google's Material Design System）元素。

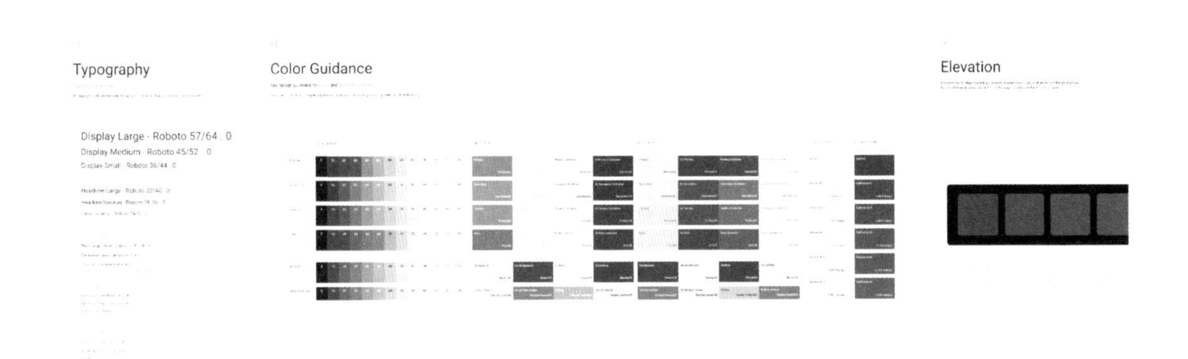

设计系统

泰莎·罗德斯（Tessa Rodes）是IBM Cloud PAL系统的高级设计经理。她是在2013年第一批参加IBM设计计划的人之一，该计划将设计师融入所有关键产品团队中，这改变了IBM的公司文化。

IBM Cloud PAL团队尼克·哈恩（Nick Hahn）是InVision设计系统的咨询总监。此前，他曾在IBM工作，再之前，他曾从事广告相关工作。自用户体验设计成为一个学术研究领域，并形成用户体验设计师这一岗位职责以来，他长期工作于该领域。在IBM，尼克加入了最初的研发团队，该团队后成为IBM Cloud PAL团队。

方法路径

在过去八年中，IBM开发了其设计系统，用于指导整个IBM产品序列中设计元素的一致性。起初，被称为Carbon的设计系统，无法承担统一整合不同产品序列设计元素的重任。于是IBM便着手研发了被称为Pattern and Asset Library（PAL）的系统。

PAL发展成为IBM Cloud PAL，在IBM Cloud平台上为各团队提供了预设计的数字设计组件库。尼克解释说："当企业内某单位或产品团队需要更多自定义设计组件库时，由于一个完整的高层级设计系统对其来说都变得过于抽象，且无法专门处理和执行该设计任务，便会使用这些预设计的组件库。"IBM发现许多在IBM Cloud平台上工作的团队都在为这同一问题创建解决方案，这并没有很好地利用企业资源或时间。泰莎和她的团队支撑IBM Cloud PAL设计系统的实施，以确保其有效开展应用。通过不断参与和反馈，该系统得到了持续的提升改进。

IBM Cloud PAL通过设计的形式，将软件工程与设计组件库协同集成，以提升工作效率，避免重复劳动。尼克解释说："如果A团队中有一名开发人员创建了一个标头组件，其中内置了大量代码，那么从B、C、D到Z团队都可以选择该标头，而不必重写所有代码。"通过IBM Cloud PAL系统，设计师在团队中的角色正在发生变化，从搭建建筑体的"搬砖工"转变为聚焦建筑自身的"建筑师"。这种思维的转变有助于设计师理解企业业务，并在公司的成功发展中发挥关键作用。

网格及填充设计（Layout Grids and Padding）

色彩标准（Colour Values）

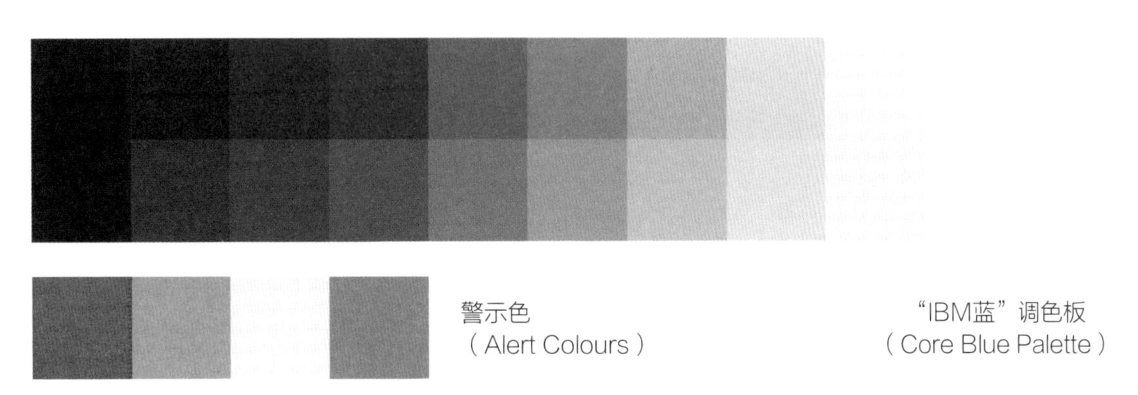

字体版式（Typography）

Semibold (600) *Semibold Italic（600）*

Regular (400) *Italic（400）*

Light (300) *Light Italic（300）*

IBM Cloud PAL涵盖视觉设计各个方面的预设元素。

由于设计系统在公司内发挥着广泛的作用，因此设计系统得到所有相关人员的普遍认可非常重要。鼓励所有可能使用该设计系统的团队参与进来，有助于创建一个持续且更有价值的系统。泰莎表示让设计师“专注于整体设计而不是每个元素（已经创建的）的细节，有助于创造更优的全方位体验”。这让团队有机会提出更宏大且基础的设计问题，而非花时间在更精细的细节上，如是否需要一个表，而不是这个表应如何使用。

尼克解释说，自相矛盾的是，设计系统的目的是“有意限制团队能够做的事情，这样做实际上能使他们能够进行更广泛、更宏大的思考”。他说，“每一天，团队都想写一本小说，但他们同时试图发明一种语言去写小说。设计系统就像是我们为团队找到了一种语言，现在他们可以直接动笔了。”他说，我们正处于“行业的转折点，从一个设计团队研发产品转变为团队协同研发设计生产那些可复制的、可扩展的和可二次使用的产品。”

“这让团队有机会创造出更优质的产品，因为每个设计元素都可以保持一致和完善。泰莎补充道，“比如说，对于福特汽车而言，嘉年华和福克斯拥有相同的变速档杆对公司来说确实是件好事。它更具成本效益。如果他们不浪费时间来设计换档，他们便可能会有更多的精力与时间来关注汽车安全、新技术迭代和整车的外观造型设计。”这将设计师的注意力转移到用户本身，以及如何创造出更好乃至最好的用户体验。

对未来的思考

尼克和泰莎认为，虽然对于技术熟练的视觉设计师的需求总是存在的，但真正的挑战在于缩小设计师和工程师之间的鸿沟。设计师和工程师的话语权与优先级所产生的沟通不畅会带来冲突。尼克接着说：“我认为设计系统是驱使设计工程化顺利接入并实现真正跨越的第一步，这样设计师就可以集中完成他们的设计工作。但是当面临生产环境变化，由工程师接手设计时，因为有了设计系统，工程师需要承担的设计转化工作得以大幅度减少，且他们有些人已经达到了在设计和工程之间无缝衔接的程度。”

为了进一步跨越设计师和工程师之间的鸿沟，尼克和泰莎表示，完全可以由设计系统来实现，这样企业的设计人员的注意力便能够从以往工作中微观层面的细枝末节，转向更加宏观的设计工作流程及解决设计问题的路径探索，使设计人员能够集中于用户及用户旅程，从而创建更加快速有效的产品迭代。泰莎已经开始注意到设计系统从简单的

人工智能伦理
（AI Ethics）

人工智能的可解释性
（AI Explainability）

人工智能隐私
（AI Privacy）

人工智能稳健性
（AI Robustness）

人工智能透明度
（AI Transparency）

人工智能信任
（AI Trust）

决策速度
（Decision Velocity）

智力
（Intelligence）

机器学习1
（Machine Learning 1）

机器学习2
（Machine Learning 2）

机器学习3
（Machine Learning 3）

机器学习4
（Machine Learning 4）

IBM Cloud PAL还包括可以在贯穿产品开发始终中应用的图标设计。

前一后端组件，发展到更广泛链接的组件系统，涉及微服务、对话式用户体验指导、人工智能伦理和大数据采集等。

设计系统是一个不断发展和变化的复杂有机体。但正因如此，只要每个人都希望这种变化发生，它就有带来无限创意的潜力。

1.3 了解客户

作为团队中的用户体验设计师，当你第一次与客户合作时，理解客户经理的简报内容并确定客户的要求十分具有挑战性。重要的是，要学会欣赏每一个人的知识和技能，以及掌握他们能为团队带来哪些东西——包括客户的知识和技能。

客户之所以有意愿与你所在的团队开展合作，通常是因为你的团队提供的技术与其需求相适应，并且他们信任你可以帮助他们，而他们所具备的专业知识对设计师而言是同等重要的。客户的角色以及他们与设计师所在团队的关系，对于最终产生良好的设计结果也是至关重要的。

与客户合作的一部分，是将对你的要求转化为设计简报（Design Brief），让创意团队参与进来并激发其活力，从而得到令人兴奋的设计产出。这一过程包括帮助客户表达简报，然后进一步完善。重要的是，作为一个团队，作为一名用户体验设计师，你必须清楚项目的目标是什么、项

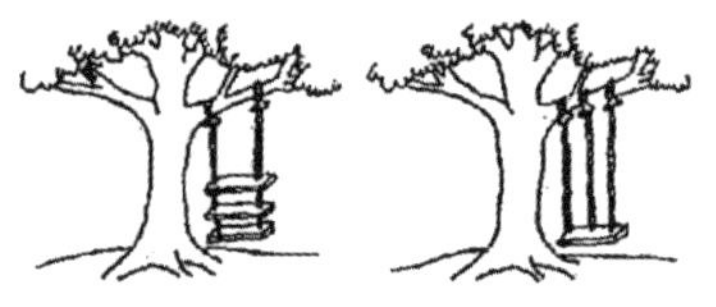
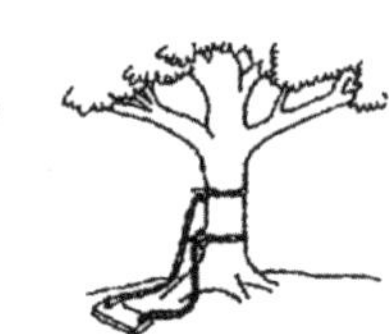
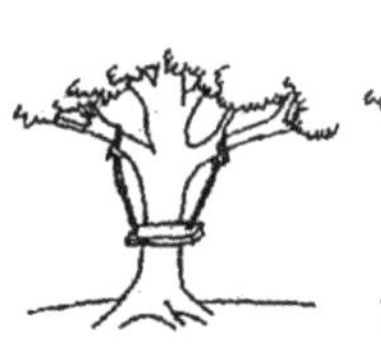

作为项目发起人的提议　按照项目要求中的规定　遵循高级分析师的设计　来自项目执行者的产出　以用户的角度拼装　用户的真实需求

图11 用户体验设计的一个重要部分是能够理解和转化项目的目标。

目的背景以及它在更大型项目中的地位。你需要确保你了解了客户对你的要求，并能够以设计简报的形式表达出来，且客户同意你的表述（图11）。一旦实现了这一点，简报就成为一份总体性文件，既是创意团队的起点，也可作为其持续的参考内容。

客户的真正含义

用户体验设计领域的表述与客户的表述通常存在差异，客户是各自领域的专家——他们使用某些词汇表述的内容可能会与你解释相同词汇时的表述发生冲突，你的客户可能无法为您提供明确的项目内容及所需的更多细节或灵感。在交流过程中，信息甚至会在互相转译的往复过程中丢失。有许多不同的方法可以帮助你、你的团队和你的客户解决这个问题。

首先，确保项目由关键里程碑（Milestone）构成，这些里程碑可以被用作团队和客户聚集在一起并检查项目的节点，以确保团队与客户同时推动项目的进程。重要的是，双方需要协定一份涵盖项目意向、系列化项目需求和设计简报的工作文档（见“简报写作”，第34页）。

其次，在计划项目会议时，请思考如何让每位参与人员聚焦在一起。一个视觉化呈现的项目路径有助于快速产生创意，并引发更多讨论。如果你告诉一屋子的人，你想把房间漆成绿色的，他们便会想象出不同深浅的绿色。想要确保他们知道你想要的颜色，最简单方法就是直观地、视觉化地向他们展示出来（图12）。

图12 有时，清晰传达想法的最佳方式是向人们准确展示你的意思。例如，通过呈现出一系列颜色而不是试图描述绿色的色调。

图13 会议并不总是必须在会议室里围着桌子举行。

最后，根据项目所处的阶段，你可以通过多种方式启动会议（图13）。例如，通过卡片分类——要求参与者将一组包含文字或图片的卡片按重要性排列成不同的组或顺序——这是项目开始时的一项很有收益的活动，可以凝练创意和想法，并集中团队的设计方向。在项目早期阶段，建议通过广泛的深入交流，以帮助启发和探索创意，可以使用更为广泛的视觉化资源，并非要求只专注于数字产品（如建筑、图形、艺术、电影、动画等）。随着项目的不断进展，项目会议可能会更多地关注用户旅程带来的示例交互（见“讲故事”，第87页）和原型演示（见“高保真原型”，第144页）。

简报写作

一份鼓舞人心和充满热情的简报可以让创意团队以最佳状态自由产生概念创意和想法。这其中的一部分内容，是以正确合理的方式设置设计参数并定义设计简报的细节——不可过于模糊，但也应避免带来过多限制，以至于没有回旋的余地。简报可以激发灵感、创造兴奋话题并提升参与度，从而为项目产生创意。可以通过文字和视觉元素呈现来做到这一点，但以正确的方式提出简报是至关重要的——当米开朗基罗受委托绘制西斯廷教堂的天花板时，他并未被告知要“掩盖裂缝”，而是要“为天花板粉刷”，绘制出上帝无尚的荣耀，作为对其子民的启发和训诫”。两个不同的项目简报有可能引起截然不同的反应。简报应为项目提供清晰论述与设

SMART
目标

S	**清晰具体（Specific）**：具有一个清晰明确的目标
M	**可衡量的（Measurable）**：通过一定方法呈现正在取得进展
A	**可实现的（Attainable）**：充满野心，并能够实现
R	**相关联性（Relevant）**：价值与目标保持一致
T	**依据节点（Time-based）**：具有项目期限或关键里程碑节点

计起点，在限定框架中产生激发灵感的创意。

简报应始终与客户共同创建。简报内容应是项目中令人振奋且引人入胜的一部分，简报需阐述项目的雄心壮志，同时与客户建立信任和良好的关系。同样重要的是，设计师与团队同事和客户分享简报，并收集所获得的反馈，并随着项目的进程，在简报的迭代过程中对其进行适当的完善。这样，项目涉及的各方都参与其中，此时便可以开始拟定项目合同。

创意团队的简报将众多考量汇集在一个独立文档中。简报短小精焊——通常是一页A4纸或一页信纸，不超过两页。在较大型的项目中，或许也会对项目的每个不同元素设置独立的简报内容。简报应包括项目所需解决的问题、受众是谁、可能的方法路径和任何强制性要求的陈述声明。简报还应呈现项目的野心，传达项目的目标，并且应该为团队设定SMART目标。

“每一个伟大的设计都始于一个更好的故事。”

设计师洛琳达·马莫（Lorinda Mamo）

当在简报中讨论目标受众时，请确保描述他们的感受和想法。将观众视为一个真实的人而不是一个普遍的概念是有帮助的。因此，与其说“我们的30~40岁男性目标讨厌与孩子们争论早餐”，不如说“如果尼克（Nick）再和伊斯拉（Isla）和哈利（Harry）就上学前吃麦片的事吵一架，他可能会大发雷霆”。通常通过这种有趣的任务，你可以真正开始发现你的目标受众是谁。创建一个真实的人，具有姓名、工作、爱好等，团队在研究概念创意时可以记住这些信息（更多信息见“用户画像”，第84页）。

简报呈现

撰写简报和呈现简报可能是两种截然不同的体验，需要的方法也略有不同。简报更具体验性和互动性，这不仅仅是宣读书面简报那么简单。简报越有趣、越令人难忘越好。如果简报的目标受众是“尼克和两个孩子”，考虑在家庭早餐期间（当然是在隔壁房间！）进行简报呈现。创建情绪板，展示尼克橱柜中的物品、尼克的梦想等。请感染你的听众，让团队兴奋起来，让他们逐渐消化，并提出问题。当隔天与他们联系时，看看他们是否还有其他问题。激发他们的创作灵感！

你或许会发现，作为一个团队，你需要完善简报并重新审视一些关键要素。如果是这样，最好在简报中挑选关键词，并用它们来探索简报的真正焦点。随着项目的进展，可以在不同的时间节点参考简报，以确保项目步入正轨。你可以通过创意评审、反馈或非正式会议来检查您的进度。随着设计之旅的进展和项目的发展，简报可能会通过不断的反思和问询、设身处地的创意探索而受到挑战和优化。

客户与设计的关系

史黛西·麦金尼斯（Stacey McInnes）拥有与客户和创意团队合作的丰富经验。她的大部分职业生涯都在多伦多和纽约的广告公司工作。在加入初创公司Cluep之前，她曾担任阳狮（Publicis）的战略规划主管。Cluep是一家人工智能移动广告平台，根据人们分享的内容、他们的感受及其在真实世界中的定位来清晰定义其用户。在Cluep，史黛西是首席运营官，与运营、技术和销售团队开展广泛合作，确保公司所售产品能够顺利交付。

方法路径

从设计过程中得到最佳产出，需要对品牌深入了解、明确定义品牌并阐明品牌愿景，最终形成品牌核心概念。史黛西认为，重要的是要提出“一个品牌试图体现什么？它想要从哪里出发，又要抵达哪里？它需要代表什么，才能围绕该品牌创造出适合其当前和未来的强烈感受、情绪和认知？”为了实现这一目标，史黛西在阳狮的职责涉及了解客户需求，并将其转化为创意简报所需的严谨分析和基础工作。史黛西将第一阶段描述为“提取阶段”。随后，该简报能够使创意团队产生一系列的创意和可能性。在此过程中，史黛西的角色是帮助创意团队表达视觉设计创新，同时让客户站在商业化维度理解其设计产出。

史黛西解释说，与客户合作的第一步是讨论项目的流程。“一定要非常清晰地明确项目流程”，这是十分重要的一点。她接着解释，“这种分析非常严格，通常涉及企业/客户的内部分析”，同时涉及客户运营环境的外部分析（更多见“了解用户”，第84页）。

对于内部分析，史黛西认为，“我们需要与高管人员会面详谈”，这将包含调研采访、研讨会、对有关材料的审核以及了解企业的未来发展方向和愿景。这样做可以“强化公司能力及其文化优势”，同时可以提出问题，如“您如何看待自己以及竞争对手的未来？”

对于外部分析，“全方位审视（Landscape Audit）”可以帮助客户了解从外部驱动公司发展的力量。这或许涉及分析查阅行业报告/

文件、竞争对手的动态、消费者行为以及社会或所在社区的文化驱动因素。对于用户体验设计师来说，这也可能涉及用户研究和分析，从而更好地即时了解到用户是如何与现有产品进行交互的。

进行内部和外部分析，有助于建立客户对其自身和市场定位的360°全方位视角，以便有力地表明客户所需开展行动的具体方向。这也有助于制定项目时间安排表和关键检查节点。

在整合并探究针对项目的创意想法后，重要的是与客户持续保持沟通交流，展示各项调查结果。并以此为基础，进一步探讨可能存在的品牌认知，以及对一些已然产生的想法进行聚焦收拢。这有助于为团队创建一个“功能性（Functional）”故事情节，并确定“出发点（Jumping-off Point）”。史黛西解释说，创建一个包含关键结论并具有整体思路的故事情节，这可以使客户更好地了解全局。史黛西说，“在一个［人道主义非政府组织（NGO）］的‘Care’案例中，我们与核心组织开展了一项工作。有八九个成员国都在场。成员国执行推进项目，他们与真实的用户接触，所以其投入和支持是至关重要的。”

CARE标识设计是通过讲故事的方式开发的，可以帮助创意团队了解组织的驱动力。

“如果品牌是关于人际关系的，那么你就必须始终知道你是谁、你的职责是什么、你想成为什么，并且你必须了解你的受众。”

史黛西继续说，“比如说，重要的是尊重成员国的需求，并确保我们表达这一想法的时候，不会让成员国对本应帮助他们的品牌‘Care’产生厌恶感——否则将是极其可怕的。因此，成员国也将提前参与项目，以上种种，必须在我们坐下来向创意团队介绍情况，并让他们真正参与这个项目前就开展实行。”

在流程的下一阶段，将进行创意团队简报。针对这一阶段，通常可遵循一个大致的流程框架来开展工作。史黛西说：“假设我们已经拿到了简报。我们或许知道了它的基础构成内容，但我们仍旧想要探索不同的领域，以及这些领域可能意味着什么。我们可以将这些概念领域设想为项目或品牌未来发展的空间，这些空间可能会存在某个特定主题，围绕主题帮助创意团队进一步探究，将其产生的创意设想与项目战略团队一起推进实施。”例如，“当创意团队向我们提出他们的想法时，他们通常会将其与项目总体战略联系起来：是哪些因素驱动了他们产生这些创意？这些创意究竟是如何发生的？”

在Care案例中，史黛西提到创意团队“带来了他们的概念方案，手舞足蹈地阐释其设计组件和故事情节的原理逻辑，并解释了他们从何开始及其方案为何有效的故事。创意团队以创造故事为开始。但通常他们不会带来一个完整的故事，或者说只会有一个故事的开头。我们要做的，便是在他们讲述这些故事后，对他们说‘真是太棒了，是的，我理解这些想法，现在我们会帮助你们打造更加丰富的内容’。这将帮助创意团队进一步充分地表达故事，于是当我们与客户沟通时，会情不自禁地跟着故事节奏走，当最终顺着得出结论时，便已搞定了客户。”史黛西说在Care案例的工作中，他们将为自强和脱贫提供援助定义为故事情节。

通过讲故事和交流创意，确保每个人都站在同一立场是至关重要的——能够向客户展示概念，也能够激发和概述创意想法。讲故事可以成为变革的推动者，通过产生进一步的理解，形成对客户或受众的重新评估，以及如何与他们互动并告知他们产品是如何体现的。

与客户建立成功关系的所有不同方法和流程，都需双方持续开展团队合作，这一点在史黛西讨论的整个流程中都可以看出。这种良好沟通的过程和讲故事的重要性已经存在数千年，并且不应被视为这就是理所当然的。高超的讲故事技巧和协作能力对于任何项目的成功都至关重要。

对未来的思考

有了如此完善的流程，客户的关系和简报的未来会怎样？史黛西认为，“如果品牌与人际关系有关，那么你就必须始终知道你是谁、你的职责是什么、你想成为什么，并且你必须了解你的受众。观众和视野可以是广泛的，也可以是个体的。我认为我们的行动环节不会发生很大变化，因为你仍然需要找到这种联系，你必须找能够逼迫人们在情感层面受到激励的窍门。十年间发生的变化还将持续下去。过去的一段时间里，品牌显得更加自信了，而我们也越来越多地看到受众对品牌建设的拥抱和参与。品牌在不断学习，团队也学会了如何做出更快的响应。因此，随着形势的变化和发展，品牌需要不断保持其流动性，即品牌如何持续优化发展，以及如何更多地参与时代建设。倾听用户的声音，了解事物的复杂性——这是自数字化出现以来我们一直在谈论的事情。阳狮品牌通过‘感染力创意’概念，以概念成就创意，让他人为你的品牌构建你的故事。然而，这终究也是为了建立一种关系，因此双方都必须投入其中，这一点并不会改变”。

不断变化的数字环境意味着需要对全球格局的不断关注。“如果你以开放的心态开始思考你的品牌终究代表了什么，同时理解你为什么要做你所做的那些事，你真正想要完成什么以及你究竟关心什么，这样才能够对你的目标一以贯之。但也要始终明白，实现目标的方式可能会随着时间的推移而产生变化。”

1.4 多平台空间

您可以使用很多不同的平台——媒介——来与受众互动，如印刷品、电影、网络、社交媒体、广告牌、报纸、电视、电影、播客等。每位用户与这些媒介平台产生的交互和使用方式都不同，但每个人都以这样或那样的方式使用绝大部分的媒介，因此不应孤立地看待媒介，而应将其视为一组以不同方式吸引受众的产品。我们将研究这些受众、平台、媒介等集合体是如何协同工作的，以及应如何有效地将其应用于多平台活动。

本节将着眼于论述不同的交互环境——无论是沉浸式的、基于屏幕的还是两者的结合——并开始研究各交互环境是如何协同作业以及如何利用其来创建跨多种不同媒介、满足不同受众需求的多平台交互设计解决方案的。尽管我们每天使用许多不同的设备，但我们很容易对与其交互方式以及我们用来交互的既定惯例感到自满。但请务必记住，重要的是这些交互形式所对应的技术发展和应用实践仍然相对较新，我们仍在探索如何有效使用这些技术和交互形式，并乐在其中。我们能够以现有惯例为基准，但或许，可以用一种新颖且引人入胜的方式对其加以完善。

“家”（2014）

霍莉·赫恩登（Holly Herndon）是一位电子音乐人，她通常在她的笔记本电脑上进行作曲。“在我的首张专辑《运动》（*Movement*）中，我表达了与笔记本电脑的亲密感。它是我的工具，是记忆，也是向我所爱的人们传递情感的一扇窗。这是我的家。我们与这些互联设备的关系仍然如此年轻、如此幼稚。”

歌曲《家》（*Home*），出自其专辑《平台》（*Platform*），灵感来自对间谍机构每天收集人们私人数据的揭露。她将《家》描述为“一首与我有着两小无猜关系的设备的分手歌”。在由设计师组合Metahaven为其录制的音乐视频中，以“数据雨（Data Rain）”符号为特色，这些符号代表了那些从未打算公开的私人信息。

“作为一种文化，我们正处于一个不停加速的过程中，伴随着不情愿，但逐渐成熟。”

霍莉·赫恩登

霍莉·赫恩登歌曲《家》音乐视频的静态图像。

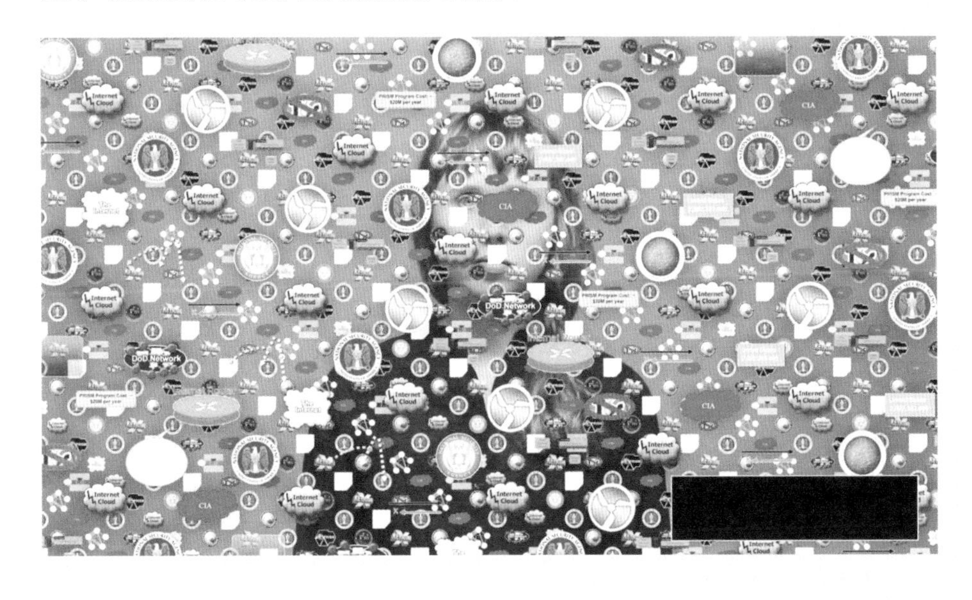

数字平台可以广泛地定义为向用户传递信息的技术集合。一般来说，数字平台需包含以下方面：

- 能够进行电子通信
- 显示在数字设备上
- 通常可以随时随地按需使用
- 以“旧媒介”无法做到的方式促进用户交互和参与
- 为用户开拓视野，将世界呈现在面前

数字平台共享了互联网的很多理念，为用户提供了以下机遇：

- 成为互联网社区的一部分
- 分享
- 能够发声
- 做出贡献
- 创造价值
- 生成内容
- 增强我们对世界的体验（无论实体或虚拟世界）
- 成为数字公民

通过上述罗列，我们可以发现数字平台不仅是基于技术的。正如媒介理论学者马歇尔·麦克卢汉（Marshall McLuhan）所说，电子媒介改变了我们的生活方式以及我们自身。马丁·利斯特（Martin Lister），一位媒介学专家和教师，将“新媒介”的出现视为“某种划时代的现象”，认为其是“更大的社会、技术和文化变革宏景的一部分，简而言之是新技术文化的一部分”。当我们思考多平台数字环境时，我们需要考虑到更大范畴的受众，并探寻平台和技术可以为用户体验设计师提供些什么。

实体交互空间和沉浸式环境

当我们想到计算机时，我们通常首先会想到其组成部分：屏幕、键盘、鼠标和处理器。然而，我们与技术的交互可以分为输入—计算—输出的基本序列（图14）。例如，当您在键盘上输入字母时（输入），信号会发送到处理器（计算），随后处理器会在屏幕上显示该字母（输出）。

该序列同样可应用于多种交互类别。例如，您可以输入温度计的测量值和灯的输出，将计算机编程为当房间达到一定温度时打开灯。您也可以使用类似的计算机交互手段，根据社交媒体平台上主题标签的受欢迎程度来加快粉丝增长的速度。

通过考虑输入和输出，您可以开始超越基于屏幕的交互，并创建沉浸式环境，其中用户可以使用一系列感官进行交互。有许多不同的方法可以创建具备交互式、沉浸式且通常十分具有可玩性的环境（图15~图25）。尽管其中一些项目使用物理空间和数字空间，但创作和方法的基本过程未必有任何的不同。重点仍然是理解受众或用户，并与之互动。使用输入—计算—输出的原则来分解和探索概念或创意。释放你的思想，不要让自己被已知的可能性所限制。有时，乍一看似乎很复杂的东西，实际上创建起来却非常简单。

作品展见第49页

图14 “输入—计算—输出”序列

不同平台，相同体验

一个好的营销策划将吸引跨平台的受众。无论您是在开展单一活动还是正在进行的社区参与形式，这都是事实。在线约会手机应用Tinder和广告公司72andSunny使用多平台路径创建了名为Swipe Night的互动式参与活动，Tinder会员将踏上“选择自己的冒险之旅（Choose-Your-Own-Adventure Journey）”，这些会员们在冒险之旅中所做的一系列选择将有助于明确他们将与谁进行配对。该活动在Tinder应用中以一系列五分钟的片段形式进行，也在Twitter应用中进行了宣传，并引起了主流媒体的兴趣。

作品展见第55页

Thinx是一家生产女性生理期内裤的公司，该公司和BBDO纽约公司为旨在打破谈论月经禁忌（Taboos About Talking About Menstruation）的广告项目创建了一个多平台解决方案。在其广告中，一个男孩告诉父亲他第一次来月经，被美国多数主流媒体拒绝接受该广告播放，但随后这则广告成为在各类访谈节目和其他媒介形式中讨论打破谈论月经禁忌话题的起点。最终，该广告被允许播出，并在社交媒体上引发了热烈的讨论。

请一定确保您正在创建跨多个不同平台且深思熟虑的营销策划，因为倘若认为人们只会使用单一平台而不使用多个平台，这样的想法是过于简单化的。若要成为无论实体世界或虚拟社区的一部分并吸引您的受众，请确保您的策划在一系列适当的平台上出现，这是非常重要的一点。

相同平台，不同体验

即便您的受众在使用相同的平台，但也请千万不要异想天开地认为，这一平台上的所有用户都会以相同的方式进行交互。因此，有必要去详细了解您的受众是谁，他们将以何种方式、在何处以及何时与您的产品进行交互。

达纳·博伊德（Danah Boyd）在她的著作《这很复杂：网络青少年的社交生活》（*It's Complicated: The Social Lives of Networked Teens*）中强调了受

众的参与和交互的差异性。只能通过图书馆的计算机访问互联网的青少年，和拥有自己的互联网设备的青少年使用社交媒体的方式截然不同。人们越使用这些平台并与之产生交互，则越熟悉该平台的复杂性，以及获得如何高效参与交互的各类知识与技能。而那些对交互平台访问频率较低且较少产生互动的人们，或许能够知道平台的基本操作，但无法将这些平台融入他们的日常生活从而获得额外的深度交互乐趣。

因此，重要的是，每个人与技术交互的方式并不总与其他人与之交互的方式相同。克兰兹伯格（Kranzberg）关于技术的第一定律是“技术既无好坏，亦非中立”。平台对创建它们的人是有倾向性的，需要大量的理解力和同理心才能真正打造出不为创建者自身设计的解决方案。

这并不完全是坏事：技术确实创造了机会和可能性，但正如科幻小说作家威廉・吉布森（William Gibson）所说，“未来已经到来，只是分布在不同的现在而已（The future is already here–it's just not very evenly distributed）。”请牢记这一点，创建产品和解决方案、探索不同平台提供的机会点。用户体验的质量，与影响其体验的外部因素有着内在联系。

另一值得思量的是，你是以用户体验设计师的身份来使用技术，你既是技术的创造者，又是技术的使用者，以同样积极的方式影响技术的发展。永葆社会良知，这会为你更广泛的受众（而不仅仅是你和你的朋友）开展用户体验设计并创建设计解决方案。

小结

本章节介绍了不同的数字设计方法路径，并为你创建基于屏幕的数字化设计解决方案奠定了良好的基础。既然你了解了创建设计解决方案的一些不同方法，你便可以对项目中那些可能投身的设计之旅作出明智的决策，同时请积极地与那些来自不同学科、不同专业领域、不同技术背景的一系列专业人员展开有效合作，促成设计的有效产出与项目的成功。

请务必牢记，无论何时何地都需要深入考虑你的受众，究竟是为谁而创建设计内容，同时思考使用不同媒介平台的益处与挑战，你便可以带来那些超越基于屏幕的设计，创造深入式交互体验和沉浸式交互空间的设计解决方案。请记住唐·诺曼（Don Norman）对用户体验的定义是“世间万物一切所在……以及你如何去体验这一切”。

作品展1.4：多平台空间

图15 多米尼克·威尔科克斯（Dominic Wilcox）采用寻路技术的作品（*No Place Like Home GPS Shoes*，2012年）。

图16 拉斐尔·洛扎诺-赫默（Rafael Lozano-Hemmer）的《远程脉冲》（*Remote Pulse*，2019年）是一个交互式装置，能够让人们感受到彼此的心跳，使用两个终端（一个位于美国得克萨斯州埃尔帕索，另一个位于墨西哥奇瓦瓦州华雷斯城）通过互联网，将人们聚集在一起，跨越美国和墨西哥边境。最初是拉斐尔·洛扎诺-赫默的公共艺术装置《边界协调器》（*Border Tuner/Sintonizador Fronterizo*）的一部分，位于鲍伊（*Bowie*）高中，埃尔帕索和华雷斯市的查米萨尔公园。

上 右

图17 联合视觉艺术家（United Visual Artists）的《拓扑#1》（*Topologies #1*，2020年），利用五个投射光线的移动雕塑来不断重塑房间，探索观众的感知以及与空间的关系。该作品最初是由Nxt博物馆委托制作的，该博物馆是荷兰第一家致力于新媒介艺术的博物馆。

下 右

图18 谷歌开发的Jacquard应用是第一个旨在将个性化数字体验和服务融入服装、鞋类和其他日常必需品中的数字化技术平台。从夹克袖子接听电话，或从背包获取路线。

Interact

图19 埃拉斯·杜阿斯（Elas Duas）的《巴洛伊卡》（*Baloica*，2013年）是一个交互式声音装置，将秋千变成了乐器。运动传感器捕捉人们在秋千上来回摇晃时的动作，从而触发不同的声音。秋千上的人越多，音乐就越复杂。

图20 艺术家杰夫·昆斯（Jeff Koons）的三维虚拟雕塑作品［包括他的《气球狗》（*Balloon Dog*）］在九个国际城市展出，只能通过Snapchat智能手机应用程序虚拟查看。艺术家塞巴斯蒂安·埃拉苏里斯（Sebastian Errazuriz）创作了杰夫·昆斯艺术作品的一个被破坏的复制品，并在纽约中央公园虚拟展示，以此抗议这次展览。

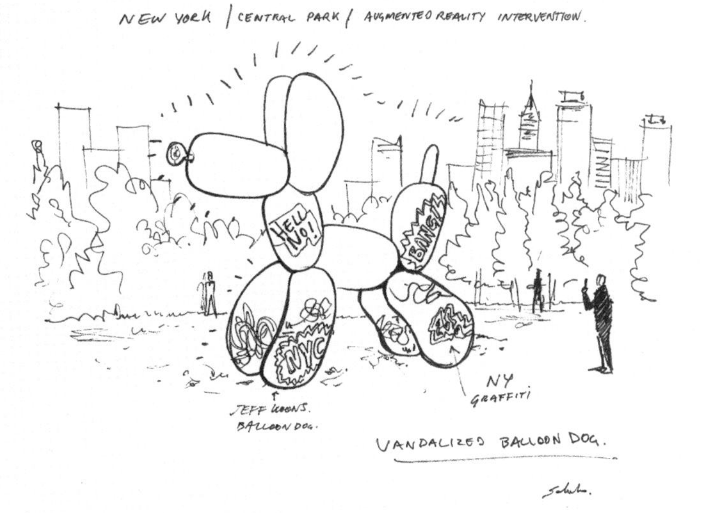

右　图21 塞巴斯蒂安·埃拉苏里斯绘制的草图，描绘了他计划抗议杰夫·昆斯的《气球狗》。

上　图22 奥拉维尔·埃利亚松（Olafur Eliasson）的《奇迹屋》（*Wunderkammer*）使用增强现实技术渲染埃利亚松工作室中的各种物体和自然现象，让观众将这些物体添加到他们的个人空间中。这些展品包括一朵乌云、一盏太阳能灯笼，其由AR太阳充电，以及海雀和昆虫等动物。

下　图23 《生命之网》（*Webs of Life*，始于2020年）是托马斯·萨拉切诺（Tomás Saraceno）与“爱蜘蛛”（Arachnophilia）HTML创作工具合作的一个增强现实项目，试图连接数字世界和实体世界。观众通过拍摄自然界中真实的蜘蛛并将其上传到应用程序来访问萨拉切诺的虚拟蜘蛛。马拉图斯装置视图，作为2021年伦敦蛇形画廊“回到地球（Back to Earth）”的一部分呈现，由Rebecca Lewin策展。项目由Acute Art支持。

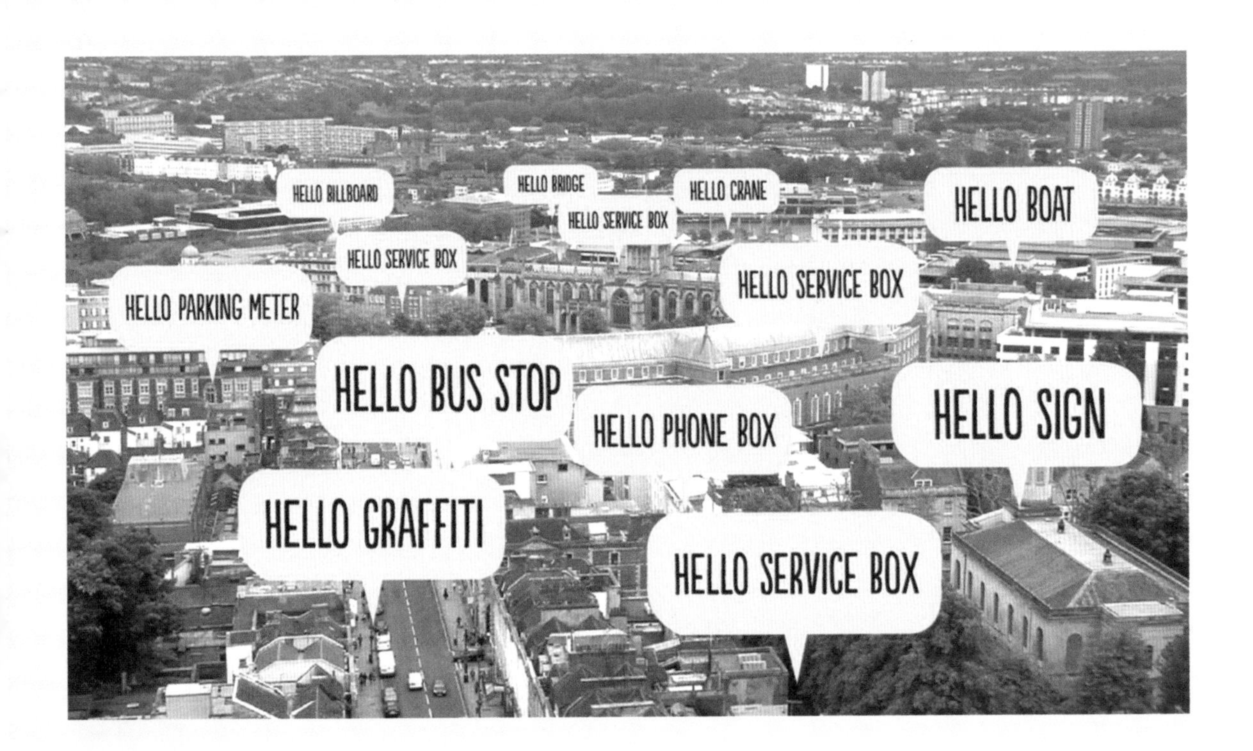

上　图24 PAN Studio创建的《你好灯柱》（*Hello Lamp Post*），是一个交互式消息平台，允许人们使用手机上的短信应用程序与城市周围的街道物体（灯柱、停车计时器等）进行对话。

下　图25 BBDO纽约为Thinx开展的“月经”（MENstruation）广告策划活动使用了一系列平台，同时包括电视在内，来传达其信息。

第二部分

认识受众

58–103

2.1 数据采集

采集数据是了解受众的一个重要部分。数据采集工作每天都在数字世界的几乎每一个平台上进行着。了解数据的力量——如何采集数据、分析数据、呈现数据以及使用数据为项目及其实施工作均提供有效信息——对于设计的过程是至关重要的。如果您能够充分了解受众，那么便能够创造适合这些受众的、明智的设计解决方案。

人类学家丹尼尔·米勒（Daniel Miller）谈到通过吸引受众的兴趣使其“沦陷”其中：“互联网最好不要被视作技术，而应是一个使人们能够创造技术的平台，而这些技术又是为了那些特定功能而设计的。因此，人们利用错综的互联网支起了一张张大网，用来捕捉那些特定类型的过路网民。他们需要一种能引起他们自身兴趣的设计。”他以特立尼达批发网站建设为例，这些网站看起来特别丑陋，并不吸引广大消费者，但其目标受众却认为该网站十分具有功能性，并赞成批发商们不要在不必要的“设计”上浪费金钱。

访谈是获取高价值数据以帮助您了解受众的另一种方式，但访谈必须采用能够提供真正有意义信息的有效手段。比方说，卡罗琳·克里亚多·佩雷斯（Caroline Criado Perez）在她的《看不见的女性》（*Invisible Women*）一书中指出，女性是公共交通系统的主要使用者，她们出于各种原因进行多次出行，但大多数收集交通使用数据的访谈并未包含提取此类信息所需的必要问题，以及出现将女性可能进行的旅程置于较低优先级的情况。如果你不了解用户的真实需求，你就无法有效设计创建适合他们的系统。

数据可用于创建用户旅程和用户画像，这有助于你将用户视为真实的人，他们的现实生活远远超出了他们与你在各类媒介平台的交互范畴，他们不仅仅是你面前的数据，在创作过程中也发挥着重要作用，可以帮助你了解你的受众和产品。更加详细地了解用户，你便能够与他们创建更有意义的交互。在设计过程的不同阶段，与现实世界的真实用户一起测试你的产品，这可为你提供更深层次的重要数据，从而进一步完善你的产品设计。

定量及定性数据（Quantitative and Qualitative Data）

数据可分为两种基本类型：定量（Quantitative）（可测量。例如，有多少人访问了您的网站）和定性（Qualitative）（描述性。例如，对采访问题的个性化主观回答）。

最常见的通过线上收集的数据类型是定量的，使我们能够广泛了解用户如何与在线平台及空间进行交互。定量数据的例子有调查、网站访问和人口普查等。人们每天都通过使用各种技术来创建数字接触点，这些接触点都会被记录下来，生成少量的定量信息，而这些信息则会有助于平台空间更好地了解用户，进而帮助他们改进产品。这些可以为我们提供大型数据集合，并用于进行统计学分析，尽管设计师或许需要关注其关键受众，并过滤数据以获得任何有意义的见解。

除此之外还有定性数据，这些数据收集在小型数据集中，用于获得通常无法从大型数据中集中获得的高质量信息。访谈、焦点小组和观察都是定性数据的例子。定性方法通常可以帮助我们识别个体的特性和经历，这

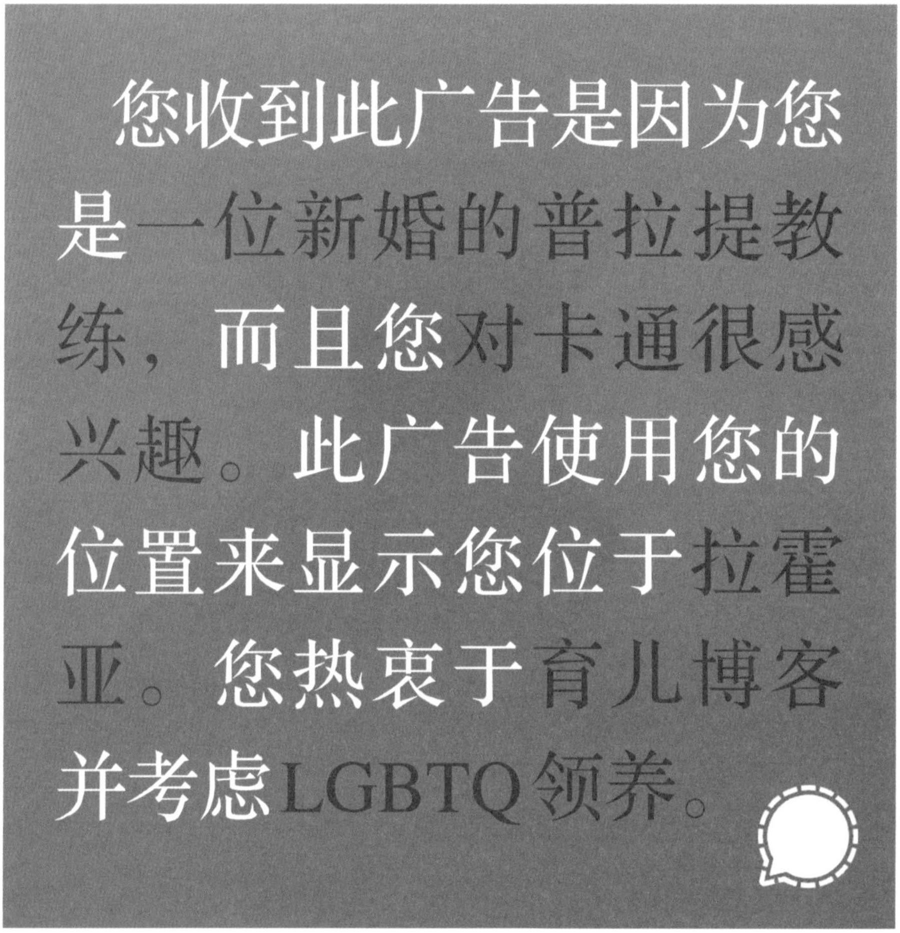

您收到此广告是因为您是一位新婚的普拉提教练，而且您对卡通很感兴趣。此广告使用您的位置来显示您位于拉霍亚。您热衷于育儿博客并考虑LGBTQ领养。

图26 即时通讯服务Signal，试图通过展现一则被禁止的广告来强调脸书（Facebook）等公司如何收集用户数据用于广告。

些特点和经历在大型客观定量数据集中可能并不明显。数据的收集应符合道德规范并征得人们同意，尽管有些公司通过在线跟踪用户的方式获取数据的透明度较低（图26）。

用户访谈（User Interviews）

访谈是一种定性方法，可以帮助您从个体而不是从大量定量数据中识别特性和经历。正式访谈（Formal Interviews）有严格的结构和一套既定问题，这使您可以收集数据，然后与其他参与者进行比较。

半正式访谈（Semi-structured Interviews）有一组大致的问题或主题要涵盖，但更具对话性和非正式性，使您有可能探索可能出现的任何意外信息或特性。访谈不必总是以一对一的方式进行——小组访谈或焦点小组通常是合适的，可以让参与者分享他们的经历。

实施访谈（Interview Activities）

访谈并不总是需要由你提出问题和参与者回答问题组成。可以采取多种方法来收集不同类型的信息。通过要求参与者完成一项任务，如绘画、创建拼贴画、卡片分类或记日记等，你或许能够收集到比直接提问更丰富、更有意义的数据。例如，如果你问“你一周中什么时候使用技术？”，这可能会引出诸如“一直”或“偶尔”之类的答案，但让参与者规划出他们的一周以及他们何时可能使用技术，这可为你提供更深入的回应，从而引发进一步的讨论和对话。

图27 卡片分类活动可以帮助你确定用户的优先事项。

卡片分类活动：这通常对于弄清楚什么对参与者来说是重要的很有价值（图27）。这些卡片可能包含一系列图像、文本或两者皆有，你要求参与者将其分组或按特定优先级排序。卡片分类既可以是一项协作活动，也可以是个人活动。

日记：要求参与者写日记，这是更优于通过访谈收集数据的一种有价值的方式。具体任务或活动可以记录在书面文字日记或照片日记中。

制定及设计各类活动：这些活动也能够以更加非正式的对话方式从参与者那里收集信息。无论你采取哪种方式，都是为了找出最合适的方法来为你的项目获取有意义的数据。

图28 用户访谈完成后，数据导图可以帮助你识别收集到的定性数据中的相关特性和问题。

在哪里进行访谈

在哪里进行访谈是很重要的一点。请确保你有一个适合开展任何已准备好的活动的场所，并确保你的参与者尽可能舒适。

根据你采访对象的不同，希望你能够允许这些受访者选择他们想要见面交流的地点，因为这或许会让他们在与你交谈时更加自在，也让你有机会在采访期间观察到他们的其他行为或习惯。所在地的购物中心或咖啡馆等公共场所通常是见面的好地方，但你也可以在受访者的家中进行采访——如果你这样做，请确保你和受访者的安全。

如果你的受访者分布在不同地区，那么通过电话、视频通话或会议形式进行采访通常是理想的选择。但请注意，以这种方式收集到的交互与各类信息可能会受到你所使用的媒介或软件的影响。

在完成定性数据的采集后，下一步就是分析你所收集到的信息，以确保信息中提及的普遍观点与想法，能够及时帮助你开展项目的后续进程并跟进设计研发，无论你此时是处于项目起步阶段，还是正在项目用户旅程的某个特定阶段，或是在纠结于如何让你的项目取得成功的某一变化之中（图28）。

2.2 数据分析

原始数据本身并没有多大用处。只有当其与其他数据联系起来时才有意义，并成为信息。这使得那些恰到好处且具有聚焦的知识——信息集合成为设计智慧，但需甄别哪些信息可用，又该何时应用。

数据—信息—知识—智慧四个层级，通常被形象化表述为数据智慧金字塔，组织学理论学者拉塞尔·L·阿科夫（Russell L. Ackoff）强调了这些不同元素之间的关系（图29）。例如，由词语或字母形成的列表（数据）可以连接在一起组成词汇、句子和整段内容（信息）。这些段落可以被组织成为一系列更为广泛集中信息的集合（知识），从而可以将其应用于各类情况中（智慧）。

数据分析涉及数据的采集和分析，生成可用于了解人们如何使用您的产品，并就改进产品的最佳方法作出决策的信息。

数据分析有着很多不同的方法，每种方法的侧重点也略有不同。

描述性（Descriptive）：使用基于过去已发生事件的数据。其目的不是解释为什么这些数据会呈现特定的结果；其报告了调查结果，仅此而已。

图29 数据—信息—知识—智慧层级图，或称为数据—智慧金字塔。

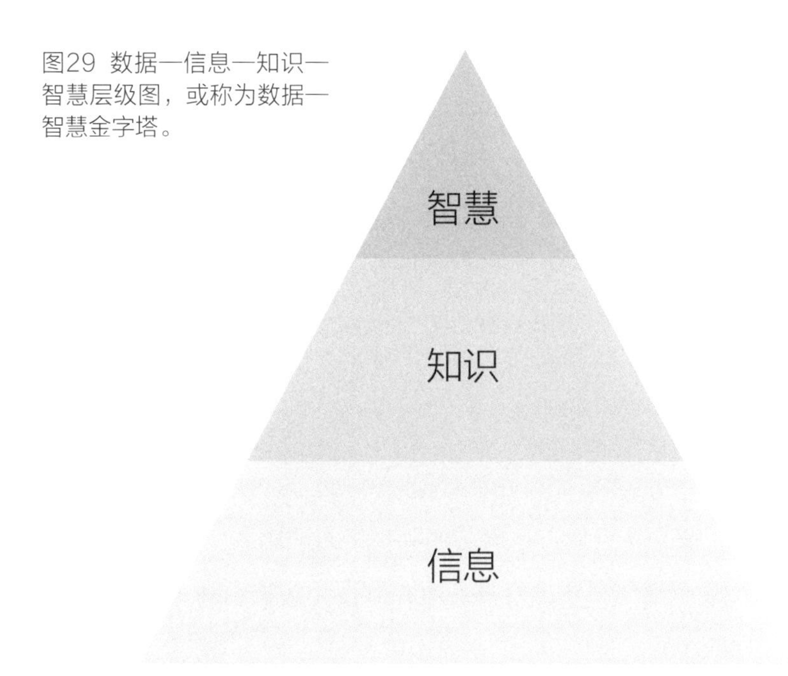

诊断性（Diagnostic）：帮助您辨识为什么会出现这些特定结果。例如，为什么您的网上店铺上有很多点击率，但没有多少人最终购买。

预测性（Predictive）：使用对收集到的数据总结出的内容和趋势来预测可能发生的未来。例如，去年夏天的销售额不是很高，因此你能够使用此信息创建一项新的营销方案以增加销售业绩。

规范性（Prescriptive）：直接揭示最佳解决方案。这种分析方法结合了上述所有内容，旨在了解发生了什么（描述性）及其原因（诊断性），然后规划未来（预测性）。规范性方法十分复杂，因为其需要对来自各个方面的数据开展整合分析。

数据分析流程有四个不同的阶段，本质上该流程是周期性的（图30）。每个阶段都会关联到其他阶段。

规划（Plan）：认真考虑一下你想要解决什么问题。无论如何请先行明确你的目标是什么——这不是关于你的结果会是什么的先入为主的想法，而是关于你的用户或他们做出的行为反馈。这将帮助你决定如何对即将采集的数据进行分组。

采集（Collect）：你将如何收集数据？例如，这可以通过线下调研，或是在线进行。了解这一点后，请确定你要收集的是什么。可能是客户行为、客户亲和力，甚至是你那些已经没有库存且已无法搜索到，但未来你可以提供一些库存的产品。

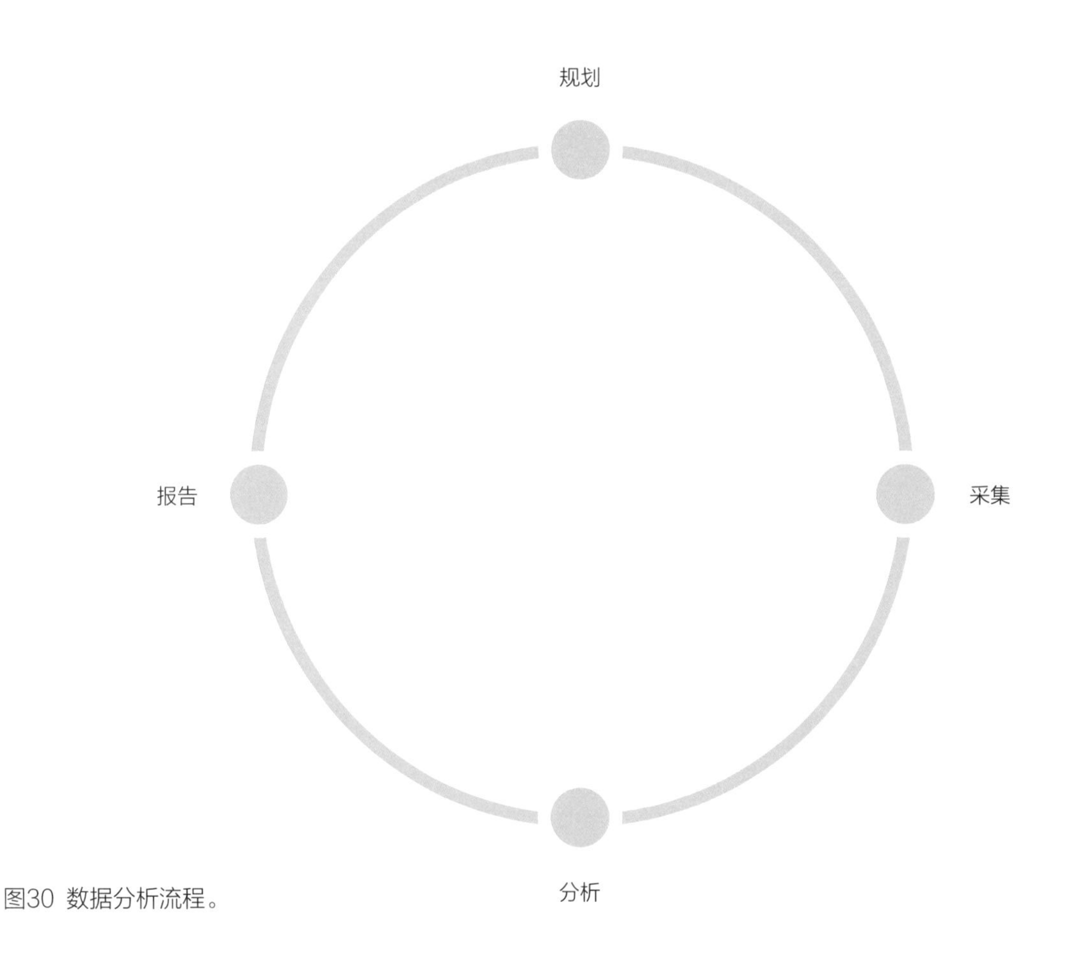

图30 数据分析流程。

分析（Analyze）：成功采集数据后，如何重构和分析数据将影响你如何看待最终的结果。通常，此阶段的第一步需要汇集这些来源广泛的数据，然后对这些数据进行过滤或细分，以形成有更意义的结果。例如，从数据中识别特定人群的反馈，并对此加以分析（更多请见“用户测试”案例研究，第100页）。

报告（Inform）：数据分析的结果应为你提供那些有价值的信息，为你的决策提供依据。如何视觉可视化呈现数据将在其中发挥关键作用。

分析数据的方法有很多种，你使用哪一种方法取决于你拥有的数据集合的类型。例如，定性数据无法轻易转换为系列化图表，定量数据也不适合进行主题分析（Thematic Analysis）。

主题分析是定性数据（如用户访谈）分析的好方法。这使你能够在不同的数据集中找到重复出现的主题，并识别数据中的重要元素。随后你便可以将所有的数据内容分组归类到这些类别中，这可以帮助你明确什么是重要的，以及项目该如何向前推进。

亲和图分析法（Affinity Mapping）

亲和图分析法（或译为“亲和导图法”“关联图法”等）是主题分析的一种特定方法（图31）。亲和图分析法是以小组为单位开展进行的，旨在对通过用户访谈、焦点小组和专题研究会议等活动收集的数据进行转译。该小组通常会从彩色便签纸（通常每个不同的数据源使用不同的颜色，如每个不同受访者采用不同颜色）、记号笔和数据集合开始。通常情况下，小组成员首先独立开展工作，确定数据中的共性主题和具体事项，然后将其整合为一类，通过便签贴粘在白板或墙面上，同时将墙上的便签贴分类整合（大类目与子类目）。小组成员可以使用电子表格或照片在小组内整理和共享数据。于是该小组便能够确定优先事项是什么以及需要做什么。

分析定量数据被用于比较两个或多个数据集：例如，A/B测试的结果（见“A/B测试”，第96页）或比较不同的产品。与定性数据类似，定量数据可帮助了解在开发过程中应优先考虑产品的哪些领域。请注意，在比较定量数据集时，你需要确保结果之间存在显著的统计差异，并且如果重复测试，你会得到相同的结果。

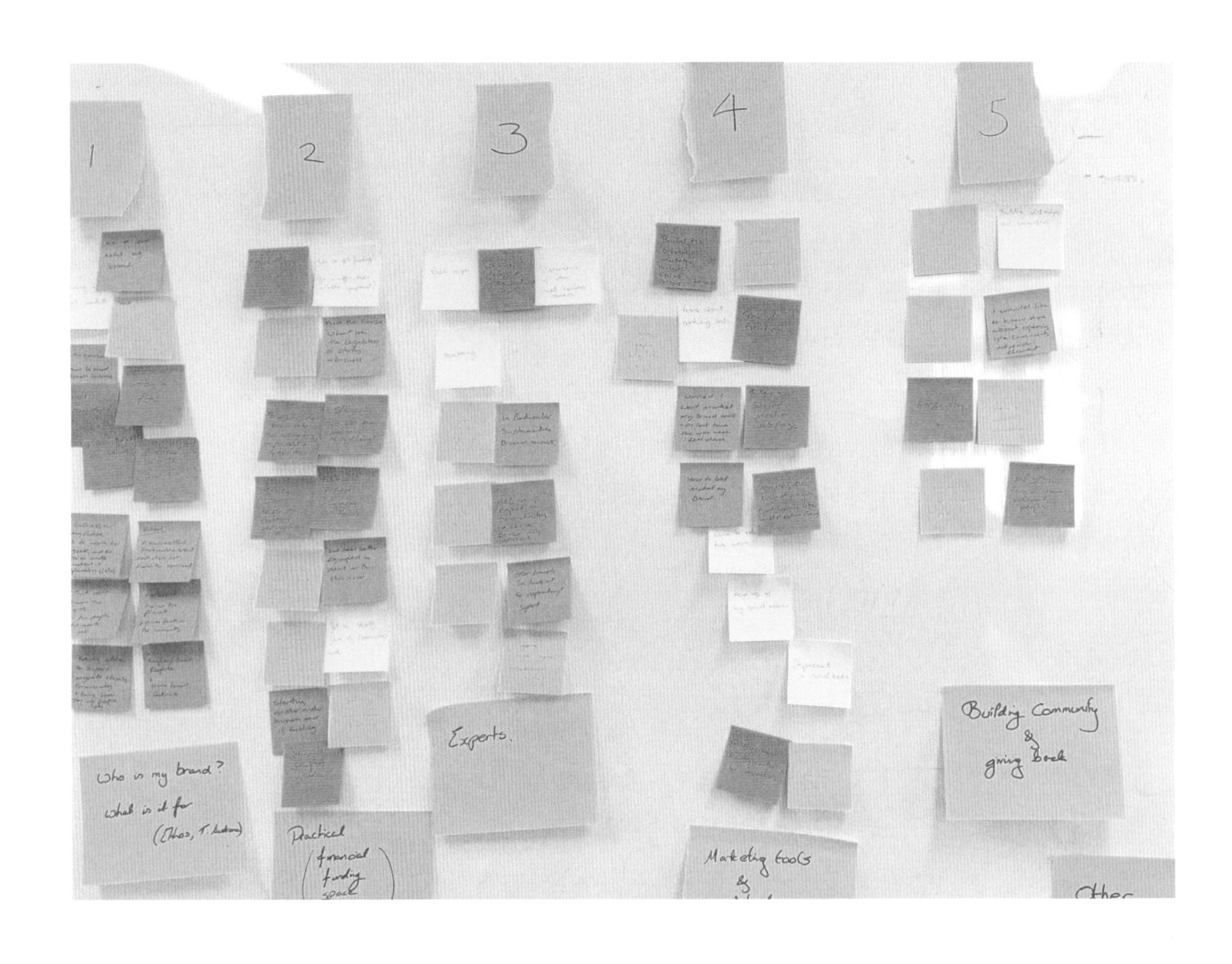

图31 亲和图分析法可以帮助你识别和分析定性数据中的主题。

“我们的目标是将数据转化为信息，将信息转化为洞察力。”

商业领袖卡莉·菲奥莉娜（Carly Fiorina）

2.3 数据可视化呈现

将原始数据转化为有意义且有价值的信息，需要一定的技术和理解力。数据可视化呈现是这个过程的一部分。了解不同的数据可视化方法，将使你能够清晰且有效地呈现那些通常极其复杂的信息集合。

在形成数据集合后，如何呈现数据以传达你的具体发现可能会对项目或产品产生巨大的影响，尤其对于那些无法通过表格和数字呈现的信息。可视化呈现数据信息可以向你的广大受众快速传达清晰、简洁的信息内容。数据可视化呈现在过去的200年中得到了蓬勃发展。例如，1900年，社会学家和民权活动家W.E.B.杜波依斯（W. E. B. Du Bois）和他的团队为巴黎世博会创建了一系列图表，以展示相关人群的成就，并描绘了他们的生活经历。1854年，约翰·斯诺（John Snow）医生绘制了伦敦霍乱疫情的数据图，帮助明确疾病的传播显然与水泵有关。弗洛伦斯·南丁格尔（Florence Nightingale）绘制的“鸡冠花图（Coxcomb Diagram）”以令人信服的数据视觉化呈现表达了拯救生命的价值（图34~图36）。

作品展见第76页

出于各种不同的原因，有很多的具体方式可以呈现数据。设计师斯蒂芬妮·波萨维克（Stefanie Posavec）表示，数据可视化的主要功能是解释、探索或展示（图37~图39）。这三者中的每一个都需要不同的方法。

作品展见第78页

ISOTYPE系统（20世纪20年代）

奥托·纽拉特（Otto Neurath）和玛丽·纽拉特（Marie Neurath）夫妇与格德·阿恩茨（Gerd Arntz）开展合作，共同开发了一个名为国际排版教育系统（Isotype）的视觉系统来显示复杂的数据。系统通过为每个符号分配一个值，然后根据需要重复此操作，使用符号来表示设定数量。该系统广泛应用于众多领域以呈现数据。

> **“记住这些简化的图片，要比忘记那些准确的数据更好。”**
>
> 奥托·纽拉特（Otto Neurath）

Population and Live Stock

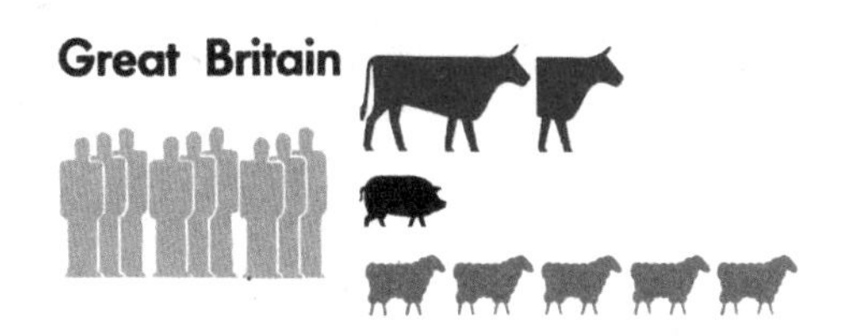
Great Britain

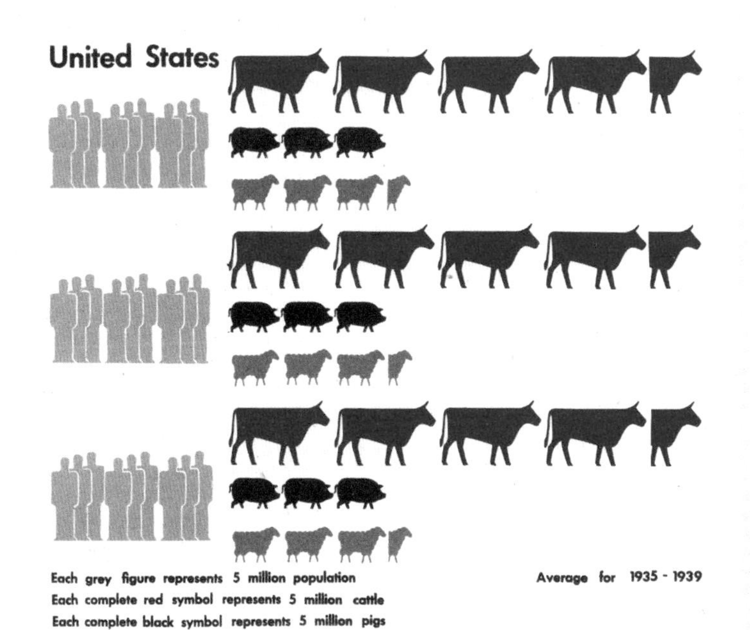
United States
Each grey figure represents 5 million population
Each complete red symbol represents 5 million cattle
Each complete black symbol represents 5 million pigs
Each complete blue symbol represents 5 million sheep
Average for 1935 - 1939
ISOTYPE

There are more cattle and pigs per head of population in America than Britain, but sheep—only 5 in U.S. for every 9 in Britain—are a different story, and provide the tender home-grown leg of mutton prized by the British.

来自Isotype研究所的Isotype图表作品：
《人口与家畜》（*Population and livestock*），选自莱拉·塞科·洛伦斯（Lella Secor Florence）的作品《只有一片海》（*Only an Ocean Between*，1943年）。
Isotype研究所由纽拉特夫妇创立。

使用正确的可视化类型方法不仅对于最有效地表示数据很重要，而且对于吸引目标受众也很重要。例如，你的受众将观看可视化效果多长时间以及他们将在哪里观看？如果你知道这一点以及你想要传达的信息，那么你就可以考虑呈现数据以及数据可以讲述的故事的最佳方式。

使用LATCH构建数据（Structuring Data with LATCH）

在选择可视化方法之前，找出构建数据的最佳方法对于成功传达信息和帮助人们浏览你的产品至关重要（请参阅“构建内容”，第130页）。理查德·索尔·沃曼（Richard Saul Wurman）开发了LATCH作为构建、导航和交叉数据的指南。

你选择如何构建数据将取决于你的受众和当前的任务，因为每种显示方法都会产生不同的结果。还值得仔细考虑你构建数据的方式是否正在加强现有的社交结构，以及这是否合适。

L	**位置（Location）**：适合寻路，如地图
A	**按字母顺序（Alphabetical）**：非线性，如字典
T	**时间（Time）**：按时间顺序排列，如分步指南或时间表
C	**类别（Category）**：相似之处和关系，如艺术品在画廊中的组织方式
H	**层级（Hierarchy）**：从重要到最不重要，如从最贵到最便宜

你不必一次只使用一种LATCH方法。例如，你可以同时使用类别和层级来显示同一类别中的类似项目，按从最贵到最便宜的顺序排列。组合不同的结构可以帮助你和你的受众以有价值的方式浏览复杂的数据集。重要的是，沃曼认为，“理解信息的结构和组织可以让你从中提取价值和意义”。

可视化类型（Types of Visualizations）

对于数据呈现，如何传达信息的细节也很重要。图表、地图、图像或其他格式的选择，使用的颜色、不同元素的大小和加重都会影响数据讲述故事的方式。这与你所呈现的信息类型相关。问问自己：信息是基于位置的、基于时间的还是聚焦于关系和联系？它有层级吗？

使用适当的视觉效果来表示数据，可以对数据的解释方式产生很大的影响。研究人们如何理解和感知信息的认知神经科学家史蒂芬·科斯林（Stephen Kosslyn）表示，无论你选择采用何种形式的呈现方式，都必须使信息：

- 简洁（Simple）
- 相关（Relevant）
- 合适（Appropriate）
- 明确定义（Clearly Defined）
- 可辨别（Distinguished）
- 符合惯例/习俗（Conforming to Expected Conventions）
- 突出且集中，以免压垮读者（Salient and Focused so as not to Overwhelm the Reader）

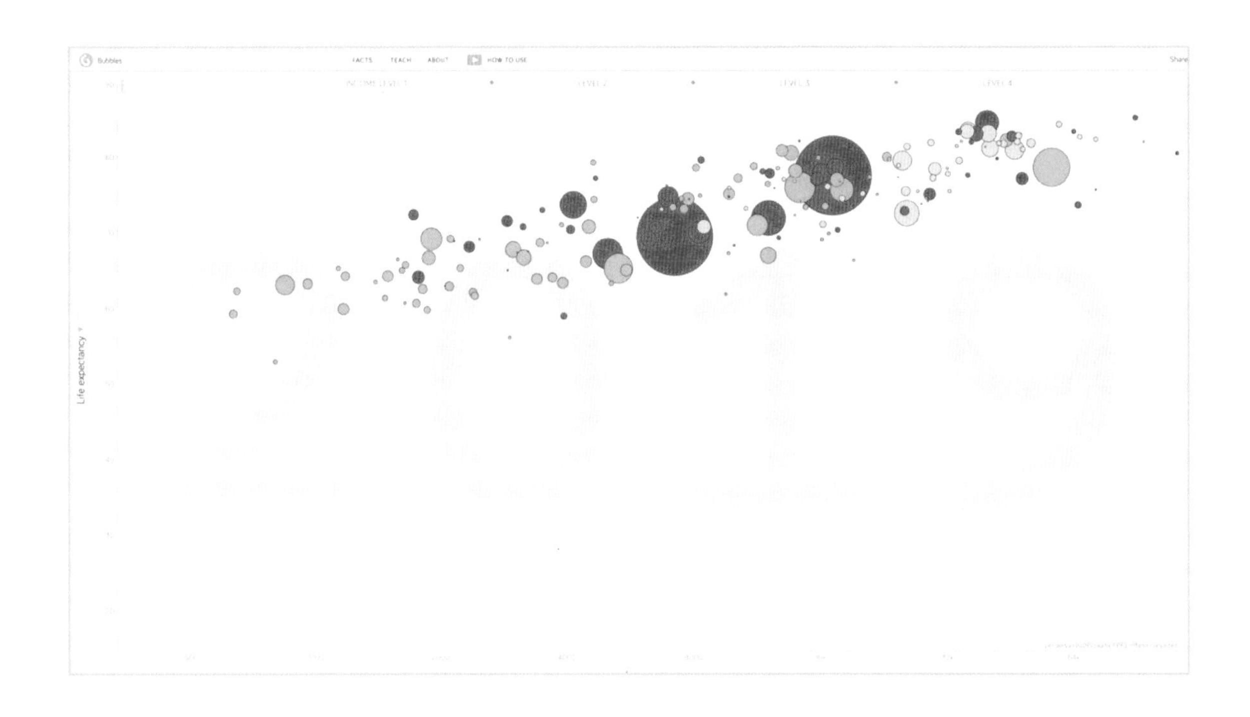
Bubbles
FACTS
TEACH
ABOUT
HOW TO USE
Share
Life expectancy

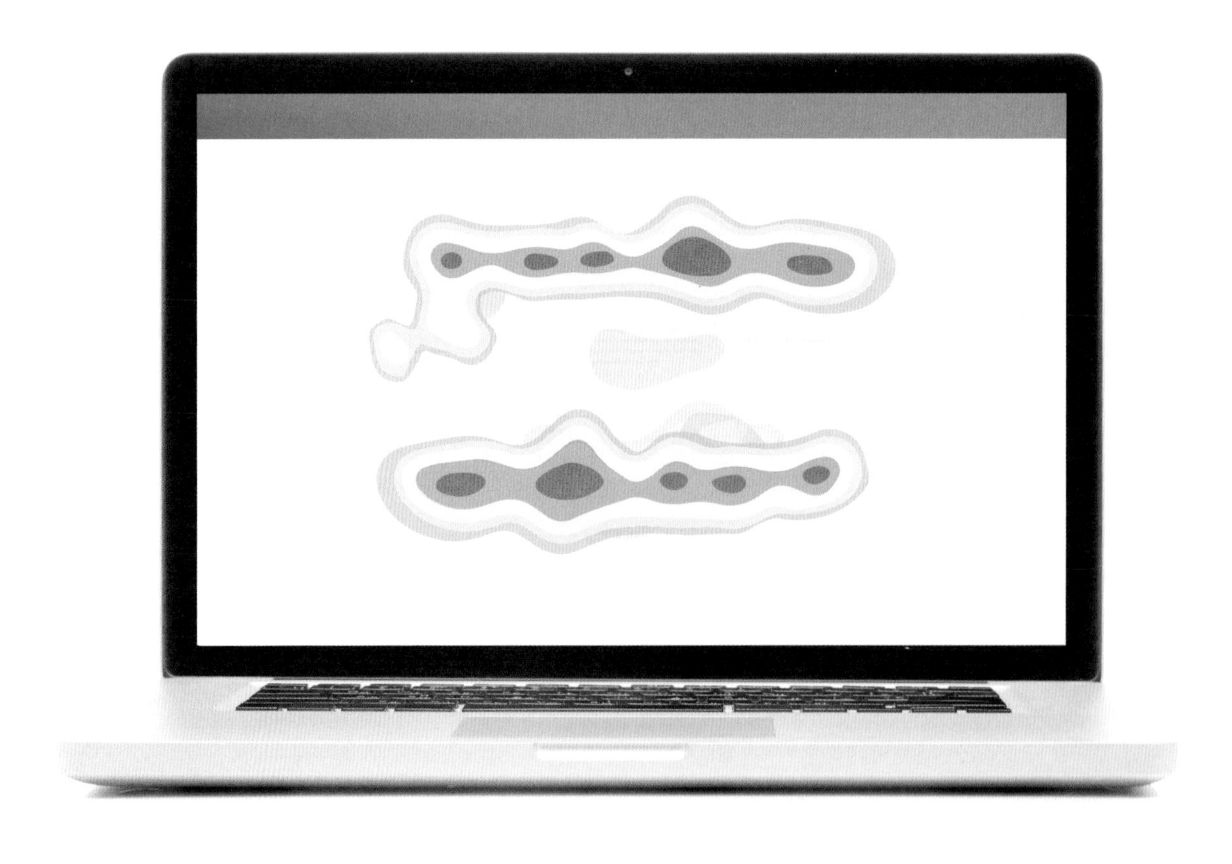

佩尔·莫勒鲁普（Per Mollerup）是一位丹麦设计师、学者和作家，专门研究设计简洁性，他根据可视化呈现的信息类型定义了三种不同类型的可视化：

上 图32 气泡图使用散点图上不同大小的气泡来可视化有关不同国家/地区预期寿命的数据。

下 图33 热力图使用不同的颜色来可视化用户对网页不同部分的关注程度。

- **数量（Quantities）**：如饼图、条形图、气泡图（图32）、热力图（图33）、图片表
- **位置（Locations）**：如比例图、渐变图、点分布图
- **连接（Connections）**：如树形图、思维导图、维恩图、欧拉图、流程图

用数据讲故事（Storytelling with Data）

了解构建和可视化数据的方法可以让你掌握呈现信息的技能，但只有当你可以使用数据来讲述故事时，数据才有价值。根据数据创建一个叙述，一个有开头、中间和结尾以及冲突和紧张的故事，对于吸引观众至关重要。科尔·努斯鲍默·纳夫利克（Cole Nussbaumer Knaflic）在她的《用数据讲故事》（*Storytelling with Data*）一书中概述了这个过程，她说："故事是神奇的。其有能力吸引我们并让我们坚持下去，而仅凭现实是无法做到的。"

纳夫利克说，除了做叙述和讲故事，你还需要确保：

- **给出背景（Give Context）**：回答问题，谁？什么？如何？这个故事是为谁而写的？你的故事或目标是什么？你打算如何展示这一点？
- **使用适当的视觉效果（Use Appropriate Visuals）**：当为你的受众讲故事时，通过一系列丰富的可视化数据效果是否比仅通过单个的更好？
- **消除混乱（Eliminate Clutter）**：保持信息清晰、直接（参见"设计原则"，第110页）
- **将注意力吸引到视觉效果的关键部分（Draw Attention to The Key Part of Your Visual）**：确保观众将注意力集中在有助于解释你所讲述的故事的数据上

图34 该图中的纯黑色区域代表1790—1860年代被奴役的非裔美国人与自由人（绿色）的比例。选自社会学家和民权活动家W.E.B.杜波依斯（W. E. B. Du Bois）为1900年巴黎世博会创作的一系列有关非裔美国人进程的可视化作品。

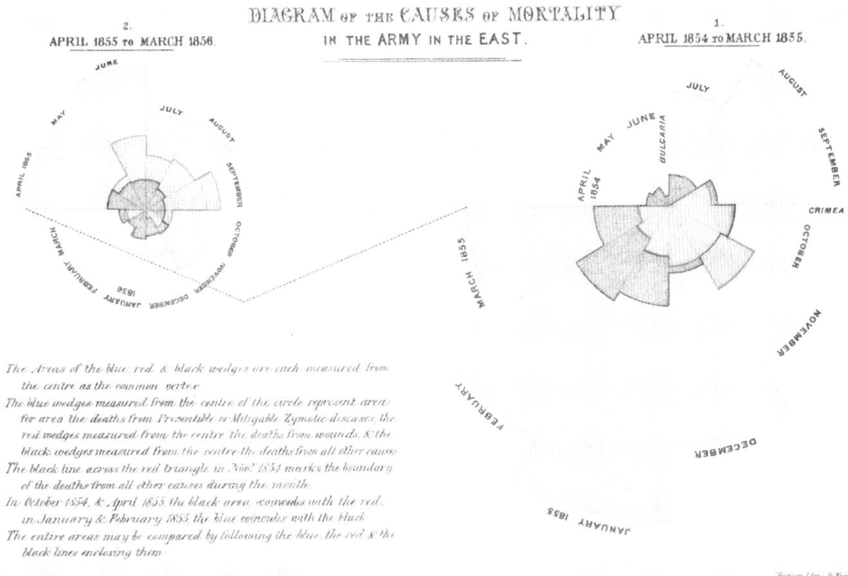

上　图35 约翰·斯诺（John Snow）使用点分布图将1854年伦敦的霍乱疫情可视化。

下　图36 弗洛伦斯·南丁格尔（Florence Nightingale）的鸡冠花图有效地呈现了1854—1855年克里米亚战争中人们的死因信息。蓝色代表可预防疾病造成的死亡；红色代表因伤死亡；黑色代表所有其他原因造成的死亡。

左　图37 莫娜·沙拉比（Mona Chalabi）作品《2009年以来崛起的事物——尚未崛起的事物》（*Things That Have Risen Since 2009—Things That Have Not*），采用引人入胜的低保真手绘美学来传达通常有关严肃的主题的数据——在本例中是经济学。

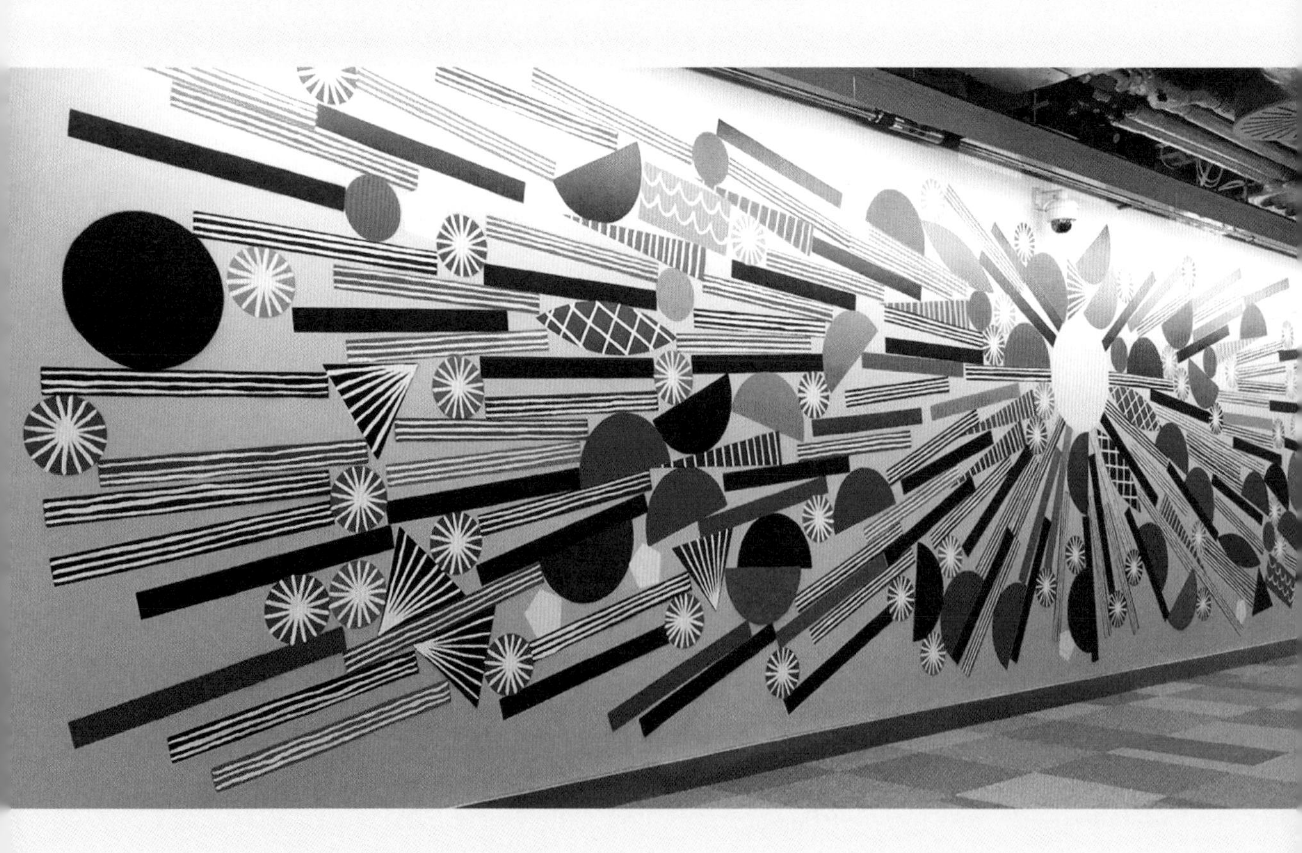

the
Average Colors of Africa
per satellite imagery from Sentinel-2

more at erdavis.com

左　图38 斯蒂芬妮·波萨维克（Stefanie Posavec）2015年的壁画作品，可视化了一篇很长的脸书帖子数据，是与The Mural Artists共同作为驻场艺术家计划为脸书伦敦园区创作的。

图39 艾琳·戴维斯（Erin Davis）绘制的单色地图，根据卫星图像显示了非洲不同国家的平均色彩。

沟通数据

斯蒂芬妮·波萨维克（Stefanie Posavec）是一位设计师、艺术家和作家。在她的设计实践中，她探索了可视化数据和沟通信息的创新实验方法。

她是很多机构的驻场数据艺术家，从脸书等大型科技公司到伦敦格林威治国家海事博物馆。她曾在世界各地的博物馆和画廊展出过她的作品，包括纽约现代艺术博物馆（其作品被永久收藏）、纽约Storefront for Art and Architecture画廊、巴黎蓬皮杜艺术中心、新加坡艺术科学博物馆、维多利亚与艾尔伯特博物馆、设计博物馆、威康收藏馆、伦敦科学博物馆、伦敦南岸中心和伦敦萨默塞特宫等。

斯蒂芬妮认为数据可视化非常重要，因为这样使得数据易于被理解："这是一种向更广泛的受众开放数据并使数据更容易记住的方式，而且使研究人员能够发现您在数据中可能没有注意到的图案。"斯蒂芬妮并不使用设计程序或代码，她以多种方式处理数据，例如，用数据来传达其见解［如在她所著《亲爱的数据》（*Dear Data*）一书中所说的］，或传达设计美学。斯蒂芬妮不将自己描述为数据科学家或统计学家，但如果她正在从事需要严谨分析或将多个复杂数据整合统计在一起的项目时，她通常会与数据科学家或统计学家开展协作。

斯蒂芬妮使用数据"作为一种材料，就像其他人可能使用黏土或铅笔来交流和分享想法一样"。举例说明，她认为，"就像你可能写一段关于植物的文字段落或拍一张关于植物的照片一样，你可能会可视化植物的数据，但每种方式都会提供其他方式无法提供的东西，所以你只需要拥有尽可能多的工具，尽可能深入了解我们所处的世界"。

方法路径

斯蒂芬妮的方法是提出问题，并以不同的方式收集数据：她通常会收集得到一个数据集或更传统的简报，或者她也可能会收集自己的数据。然后她将手动进行信息识别工作，这直接影响到她的项目美学表达。一旦她获得数据，下一步就是分析数据，看看哪些内容是有趣且与项目相关联的，以帮助传达她想要的那些信息，以及数据中是否存在

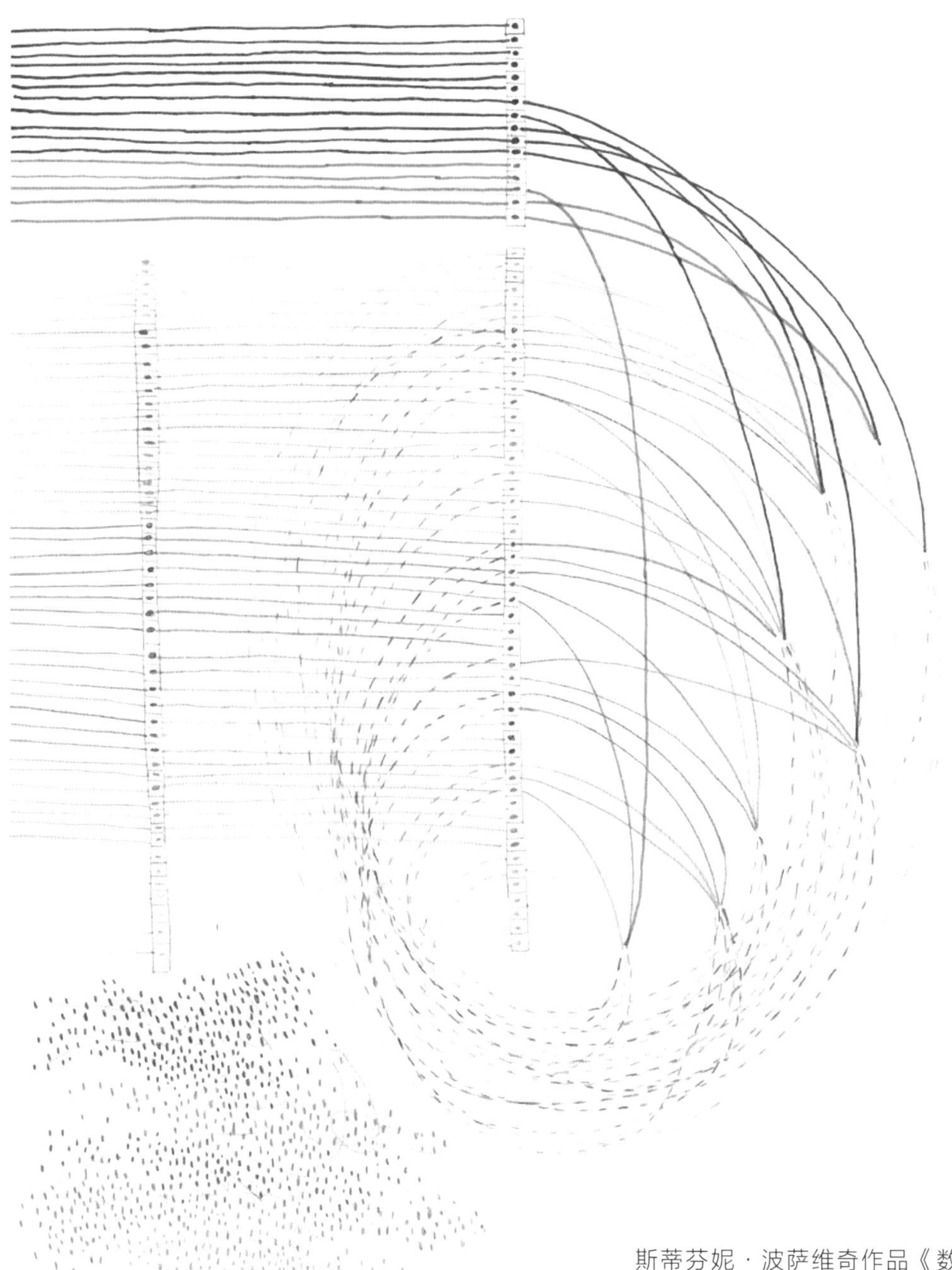

斯蒂芬妮·波萨维奇作品《数据杂音：飞行中的点》（*Data Murmurations: Points in Flight*），是一个数据可视化项目，是在People Like You研究小组的驻场期间创建的。初步草图探讨了如何表示电波健康监测研究中数据和样本的收集，该研究自2004年以来一直在跟踪英国警察部队的53000名成员。

“数据可视化是一种向更广泛的受众开放数据并使数据变得更令人难忘的方式。”

任何异常值或任何奇怪的内容，或可能存在哪些类别或数据类型，以及是否存在使接下来开展的设计可视化工作变得棘手的内容。此后，她会更细致地思考她的作品将在何处及如何被观看，思考其受众是谁：“比方说用电脑端PPT展示可视化作品，可能只在有限的观看时间内进行播放，而画廊中，人们将以不同的方式，花费更长的时间观看”。进入下一步，她便开始萌生并呈现她的概念创意。首先，她在纸上画草图，这使她“不受可视化软件或设计软件的限制”。

斯蒂芬妮·波萨维奇作品《数据杂音：飞行中的点》（*Data Murmurations: Points in Flight*），项目进程中关于数据可视化的草图绘制，电波健康监测研究项目。

只有在初步勾勒出想法之后，她才开始使用计算机进行创作。

当斯蒂芬妮在People Like You项目的数据科学流中实践时，她能够利用自己的可视化技能，就样本库中的各方如何看待同意使用和存储其生物样本及数据进行研究的“数字背后的人”提供不同的视角。斯蒂芬妮及其成果能够帮助指导更严谨的研究。

斯蒂芬妮还进行了一项重要研究及实践，数据来自英国电波健康检测研究项目（UK Airwave Health Monitoring Study），基于伦敦帝国理工学院公共卫生学院的队列研究和样本库。自2004年以来，该研究持续跟踪了53000名警察，以调查警察使用的电波通信系统是否对他们的健康带来任何长期影响。除使用数据库外，斯蒂芬妮还通过其访谈和研究进一步加深了她对整个研究过程的理解。

她的可视化创作呈现了一系列先前孤立存在的数据，这使项目团队能够以新的方式与角度理解和解释该过程。随后，这又为许多项目中的不同团队带来了一系列的新聚焦：

对电波项目组，对其科研小组团队，以及对于更加广泛的研究组织与团体。这使得研究团队能够使他们所做的工作更加引人注目。

对未来的思考

尽管大部分的公司与企业通常并不共享数据，但在过去的十年间，数据收集行为迅猛激增，并且数据可视化也变得尤其流行了。出于这些原因，斯蒂芬妮希望数据在未来能够不被“孤立隔离”，并成为每个设计师常用且重要的工具。

以数据可视化的角度来说，斯蒂芬妮很高兴能够超越传统静态图表和讲故事等方法，从而转向“3D虚拟空间或增强现实，你可以在更多虚拟空间中看到数据或通过声学设备听到数据”。这为在未来能够使用更多新场景与空间、以更多不同的方式体验数据提供了机遇。

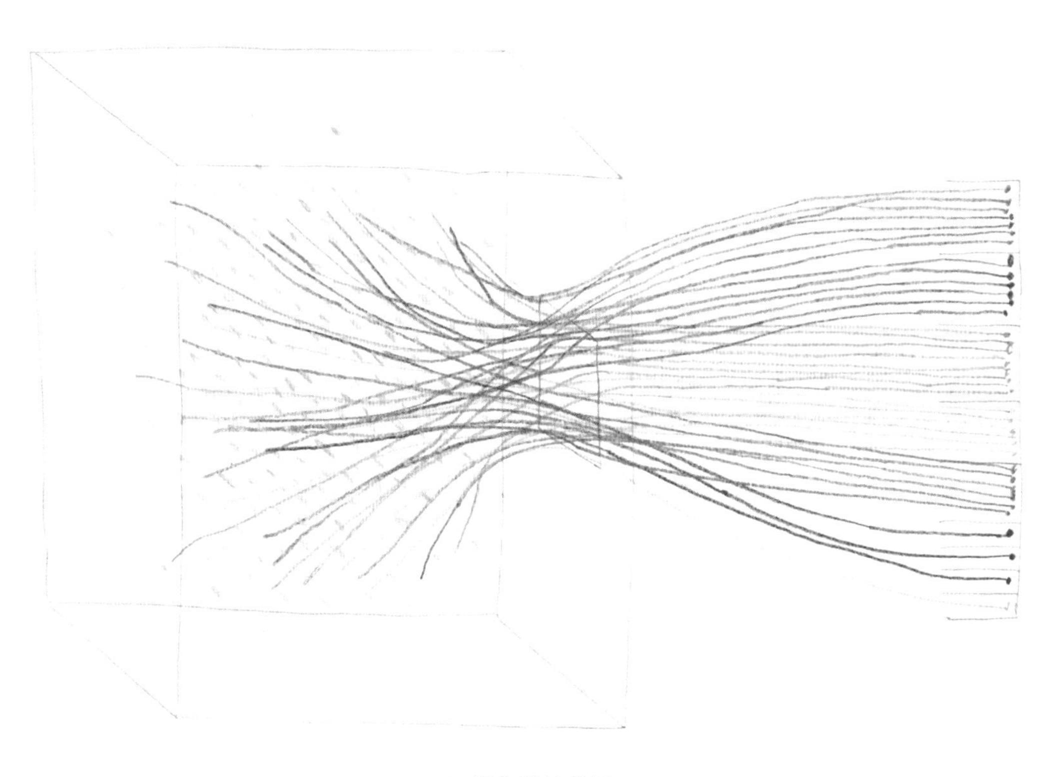

可视化设计草图

2.4 了解用户

了解你的受众对于创造新颖、引人注目且适合用户的解决方案至关重要。例如，面向80岁轮滑运动员的网站需要采用与面向韩国流行乐队的网站截然不同的设计方法。建立用户画像与用户旅程图是更细致地了解用户的有效方法（在“简报写作”中已概述，第34页）。

这些方法建立在以人为本的设计方法基础上，将用户纳入设计协同的一些工作范畴中，并使用讲故事的方法作为理解和与用户共情的方式。本节将帮助您回答以下一些基本问题：

- 谁是你的受众？
- 他们为什么会使用你的产品？
- 用户想要从你的产品中得到什么？
- 你怎样才能吸引他们呢？
- 他们还有多少时间参与？
- 他们将如何体验你的产品？
- 他们将在哪里体验你的产品？

用户画像（Personas）

用户画像所描绘的用户，是你产品的假想用户，是根据通过前期研究和数据分析获得的详细信息所创建的（图40）。你的研究可能包括与人们一对一或在焦点小组中交谈，通过在线调查问卷、使用在线聊天或电子邮

自由职业者　弗朗西斯卡

基本信息

自由职业　市场协查员
已婚
40岁
X世代
西班牙
没有孩子，但有狗和猫
硕士学位
€60,000/年
西班牙马德里

目标&需求

- 她希望在能够激发她灵感的环境中更加独立地工作。
- 她需要一个舒适、方便的空间，但又要位于人和/或自然之中或周围。
- 她希望在能够激发她灵感的地方自由工作，这是她发挥最佳创造力的地方。

兴趣爱好

她喜欢尝试新的餐馆和咖啡馆，发现和学习新的食物和文化，徒步旅行、游泳、骑自行车、散步、旅行、露营，与朋友和家人互动，结识新朋友，练习瑜伽。

使用&获益变量

获益：如何将工作与户外结合起来？如何能够改变工作环境以帮助提高/激发创造力？如何使会议/远程工作变得有趣？

使用方式：按次付费（而不是会员费）对她来说是理想的选择，因为她的生活方式经常改变，而且她喜欢随性而为。

批量购买：她可能平均每月使用5次。

价格敏感性：她相当注重金钱，因为她已经为工作中的其他产品和服务支付了会员费，并且她将继续投资于进一步的教育。

社交网络

性格

有趣、随和、细心、有爱心、富有同情心、体贴、善解人意、忠诚、富有冒险精神。

外向的内向

梦想 & 愿望

她梦想完全的财务自由、时间自由、无债务，有一天能够买一套自己拥有的带户外空间的房子。

激励因素

- 她喜欢公共空间工作的喧嚣（有人们忙碌一天的精力，不感到孤独，享受天气/阳光/新鲜空气，这是出去/离开家的理由）。
- 作为很多事物早期的尝试者，她喜欢体验新事物，但更注重免费试用期前的安全性承诺，而且通常更喜欢即用即付选项而不是金融计划。

痛点

- 她似乎从来没有足够的时间/自由在外面度过她喜欢的时间。
- 没有自己合适的户外空间。
- 没有/不能去实体办公室，所以她没有“任何地方可去”（这有时让她感到孤独）。
- 当她工作时，她喜欢在有人且舒适的环境中（这在家里不会发生）。
- 她喜欢在共享办公空间、咖啡馆和餐馆工作，但不是一直喜欢，因为这些地方成本太高或太繁忙。
- 没有多少地方可以让人们去外面工作（如在公园里），并配备人们所需的一切（电源插座、庇护所、无线网络/接待处、桌子和椅子）。
- 有时数据信号不好，所以她需要无线网络。

个人经历

弗朗西斯卡和她的丈夫及他们的猫和狗住在马德里时尚区的一套两居室公寓里，无户外小院（户外空间）。她步行或骑自行车即可到达许多公共服务和公园，他们喜欢这些地方，因为她喜欢在外面，每天至少和她的狗（有时还带着她的猫）散步2次。她还没有孩子，因为他们刚刚结婚。弗朗西斯卡20多岁的时候一直在旅行，30多岁的时候一直在上学，并在事业上取得了成功，现在才刚刚开始考虑孩子的问题。她的丈夫是一名软件工程师，因此他们都是自由职业者并在家工作。她热爱自由职业的生活方式，因为这让她可以随心所欲地四处走动和旅行，无论是工作还是娱乐。她热衷于健康和福祉实践（冥想、咨询、自我完善和瑜伽活动），因此她过着半积极的生活方式（随着积极和宁静而起伏）。她精通技术，喜欢使用能让生活和计算机工作变得更加舒适、简化、轻松和有趣的工具。

品牌忠诚度

如果弗朗西斯卡得到良好的客户服务，产品使用起来简单、方便、直接和透明，可以帮助她改善工作和生活，而且不用花很多钱，那么她就是忠诚的。

图40 创建详细的角色可以帮助您对产品的用户有一个全面的了解。

件——旨在采访五个人并记录您的发现。你还可以通过查看社交媒体关注者来了解你或竞争对手在网上拥有的用户类型。获得一些数据后，你就可以确定一些常见主题，以便创建初始用户。要创建用户画像，你需要想象你在为谁创建内容 —— 让人物真实，而不是使用笼统的术语来描述你的受众。你可以通过给予你的假想用户以下内容：

- 名字和照片
- 工作
- 状态
- 地点
- 性格特点
- 想法和需求
- 动机
- 目标
- 挫折 / 痛点

这可以帮助你思考产品的具体用途，而不是用抽象术语来谈论它（图41）。

要进一步丰富你的用户画像，请创建数字接触点列表和同理心地图（见“同理心地图”，第93页）。识别数字接触点可以帮助你思考你的角色生活中典型的一天或一周。这将帮助你了解角色一生中发生的不同活动和互动，进而帮助你了解如何最好地与用户互动。

Claudia
Chromebook help
Ashleigh
24 years old arts graduate and administrative assistant
Severely sight impaired (blind)
Uses a screen reader
Chromebook help
Screen reader quick guide:
Use Tab to move from links and form elements to the next, Shift + Tab to go back, Search + Arrow Right/Left to read text in between those.
Ron
82 years old, retired
Multiple conditions: arthritis, losing his hearing, cataracts, hip replacements
Doesn't use any assistive technology
Chromebook help
As Ron is not very technical, don't use anything which might help. For example, don't zoom into the page and don't use the keyboard to navigate.

图41 用户画像可用于测试产品的特定方面，如界面的可访问性。

讲故事（Storytelling）

讲故事一直是人类社会的基本组成部分——从最早的艺术、雕塑到游戏和电影——我们讲故事的方式对于帮助每个人了解你的产品至关重要。讲故事法可以帮助你和设计团队通过用户旅程图理解受众并与受众共情（见“简报写作”，第34页），当用户有需求时，通过创建叙述并确保相关内容能够与用户互动从而吸引用户。

用户故事（User Stories）（通常用于敏捷和Scrum流程，见第22页“敏捷思维”和第25页“Scrum流程”）从用户的角度描述产品的不同功能，帮助用户了解产品的工作原理以及它如何帮助用户。这些应该由你正在创建的产品目标驱动，无论是网站、增强型交互还是其他创作。选择对你的产品重要的一系列用户故事（这些可以被视为高优先级故事）将帮助你了解产品可以采取的不同技术路线。有无数可能的故事可用于绘制用户旅程图：因此，在为你的产品创建故事时，能够区分高优先级和低优先级的故事非常重要，也就是说，什么对于你的品牌和受众是最重要的。

故事的六个关键要素：

1. 角色：故事中的人物（或动物、物体）

2. 背景：故事发生的时间和地点

3. 情节：故事中事件的因果

4. 主题：故事的底层逻辑和中心思想

5. 冲突：故事产生变化的原因

6. 决议：故事的结果

敏捷流程中进一步产品研发，作为用户故事方法可以使用INVEST原则。

I	**独立（Independent）：**单个故事应该与其他故事分开，以便所有的故事可以按任何顺序进行
N	**可协商（Negotiable）：**故事不应该是一成不变的，而是当其需要完善时，可不断进行优化
V	**有价值（Valuable）：**故事必须对用户和创作者都有用
E	**可估量（Estimable）：**必须能够估计故事的规模以及创建解决方案可能需要多长时间，以便可以正确地确定故事的优先级
S	**短小（Small）：**故事应该足够短小精干，可以在分配的开发时间内完成；若是史诗故事（Epic），则需将其分成不同的小故事
T	**可测试（Testable）：**故事必须能够经过测试才能被认为是完整的

通过将所有这些元素结合在一起，我们可以开始构建用户故事来帮助我们理解用户旅程。用户故事可遵循基本模板：

作为一个[某类型的用户]，**我想**[使用功能]，**以便我可以**[实现目标]。

例如：

作为一个计划度假的人，**我想**搜索特定日期范围内可用的度假别墅，**以便我可以**只看到与我要求相关的选项。

随后将其发展为更长、更详细的叙述，称之为用户场景（User Scenario），其描述了用户使用产品的整个旅程——从用户第一次接触产品到实现目标之间发生的每次交互。用户场景在设计过程的不同阶段都很有用：其最初可以用来探索项目的潜力，也可以用来了解产品中现有的用户旅程——这通常是通过随后的数据来了解的，然后这些数据被翻译成一个故事来帮助解释现有的旅程。其还可以帮助创意人员确定产品可能需要改进的领域。请见第90页，了解基于上述用户故事的用户场景。

第90页的示例是一个用户场景，但以用户故事的术语来说，可将其称为史诗故事（Epic Story）。为了帮助在敏捷流程中或设计冲刺中开发和完善创意，将故事分解为更小的部分可能会受益，例如“贝丽尔想要使用特定的日期范围和地点搜索假期酒店安排，以便她只看到与她的需求相关的假期酒店安排”，这可能会对酒店预订搜索引擎的团队有所帮助。总体而言，用户场景概述了用户的整个体验，包括他们的动机、他们如何使用产品以及使用产品后发生的事情。

用户故事（User Story）

作为计划度假的人，我只想查看特定日期范围内可用的度假别墅，以便我只看到适合我的选项。

用户场景（User Scenario）

新年到了，贝丽尔决定去度个短假，庆祝她伴侣的生日。下次有空的时候，她打算找个地方让他们住下。

那天晚上，贝丽尔正在家里看电视，这时播放了“度假屋”上线了的广告。这唤起了她的记忆，她抓起智能手机开始搜索该网站。一旦她到达该网站，她立即会看到一些搜索选项，以缩小度假别墅的选择范围。她快速筛选结果并开始寻找不同的小屋。她发现结果不是她想要的，于是返回调整搜索。这次她找到了完美的小屋并立即预订。然后，她收到了一封确认付款和预订的电子邮件，但小屋的确切位置仍未确定——她只知道大概位置。几天后，小屋主人收到了一封电子邮件，确认了地点。

几个月过去了，距离小长假只剩一周了。贝丽尔有点紧张，因为她没有收到业主或她预订小屋的公司的任何消息，但她很期待这次旅行。

几天后，她收到一封包含详细说明的电子邮件以及一封欢迎电子邮件，提醒她小屋里有什么，以便她确保收拾好自己需要的东西。她感觉安心多了。

今天终于是旅程开启的一天了，贝丽尔很高兴能给她的伴侣一个惊喜。她收到了业主发来的电子邮件，其中包含最后一刻的提醒以及他们抵达后该怎么做的说明。他们跳上车，贝丽尔在导航中输入车主给她的地址，然后他们前往小屋。几个小时后，他们到达了小屋，贝丽尔能够按照业主发送的指示进行操作。

第二天，业主来与贝丽尔和她的伴侣面对面交流，以确保他们对住宿感到满意，并看看是否还有其他需要。

贝丽尔和她的伴侣在小屋里度过了愉快的时光。到家几天后，贝丽尔收到一封电子邮件，要求她提供有关住宿的反馈。贝丽尔说，她和她的伴侣度过了愉快的假期，并计划在未来的假期再次使用该网站。

作为用户体验设计师，我们需要明白，使用产品以及与产品背后的公司互动的体验不仅仅以产品开始和结束。思考产品之外的旅程的开始和结束有助于明确用户和企业需要开展的交互类型。通过这一点，不仅可以帮助我们识别出有益于项目发展的经历，还可以帮助我们识别路途的关键点。了解两者可以提高用户体验的质量。

用户旅程图（Journey Maps）

旅程地图是整个用户体验的可视化呈现，记录用户在接触产品期间的所想、所感、所做或可能遇到的一切（图42）。了解你的受众将使用和正在使用你的产品的原因和方式，这有助于你将项目目标对应到明确的受众。用户为何以及如何与你的产品展开互动，需要以高质量的用户画像为基础，同时以调研和数据为依据，而不是那些靠粗略想象形成的带有错误表述的用户画像。你很可能会发现你是根据你产品的真实使用者创建了一系列用户旅程地图。

图42 第90页的内容叙述了一个特定的用户旅程图：表明了用户场景的开始阶段。

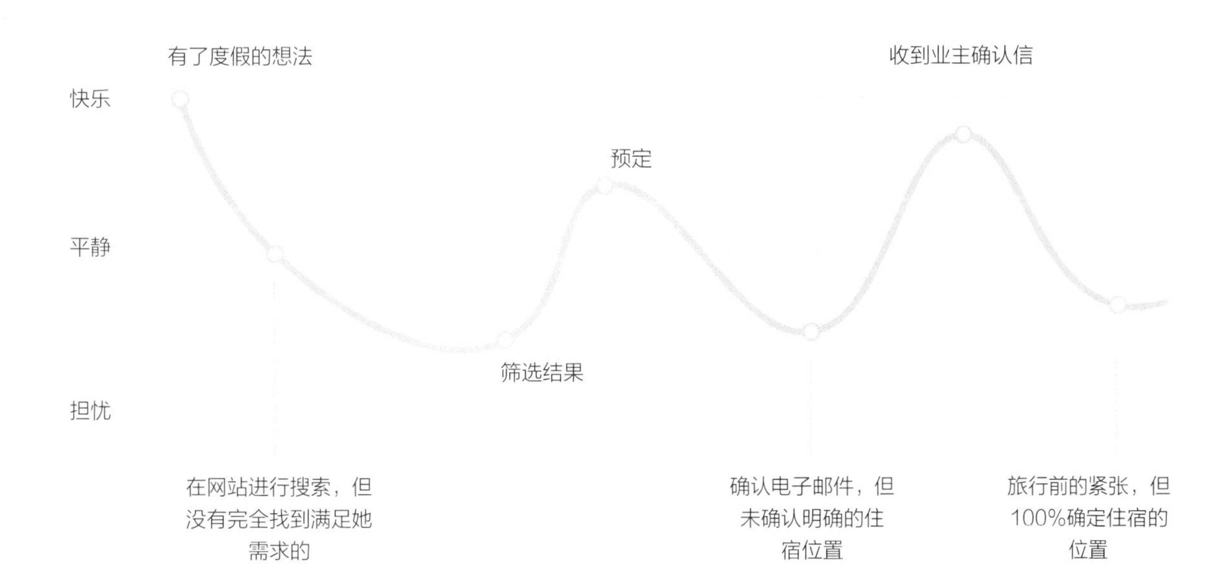

用户旅程图创建步骤：

1.预设用户画像

你的用户画像可能会影响你的用户旅程图，你可能会发现根据不同的用户画像，会形成不同的旅程图。你的用户旅程图可以专注于整体用户旅程的一小部分，也可以涵盖整个旅程，包括用户与产品交互前、交互后的所有流程。

2.为你的用户创建一个具有明确期望的用户场景

一旦绘制了用户旅程图，你就可以定义你的用户场景。这应该与你的用户画像中体现的用户目标（他们想要实现的目标）联系起来，并且应该列出用户场景的关键阶段。

3.清晰明确地表达用户旅程并确定其中的关键节点

现在你已经完成了用户画像、用户旅程图和用户场景，现在你需要考虑你的用户想要实现的目标是什么，以及这些用户目标的优先级，尤其是那些重要目标。你应在用户目标中明确原因、位置、所需步骤和潜在挑战。

4.识别机会点

在你的用户旅程图中，有哪些机会点可以改善用户体验，以及如何评价这些改变？

5.通过故事板展示你的用户旅程图

你可以手绘你的故事板，包含你所创建的任意角色，或者也可以将用户旅程图绘制出来。确保在你之前确定的用户场景中，每一个关键阶段与步骤都能够通过旅程图展示出来。

用户画像和用户旅程图构成用测试的基础（见“用户测试”，第94页）。

同理心地图（Empathy Maps）

用户同理心地图可以帮助你和你的团队更好地了解用户的所想、所感、所说、所做和所听（图43）。尤其在当你完善用户画像时，这非常有用。用户同理心地图是在初始的用户研究之后、创建产品具体规格之前进行的。其可以在产品开发流程的早期带来有益的团队讨论。

用户同理心地图有不同类型：总体的同理心地图对多个用户使用你的产品所产生的总体期待进行描述，而根据具体情境创建的同理心地图则有助于分析和理解特定的用户感受，例如“为什么很多用户难以与朋友们分享？”

图43 同理心地图。

他们是谁？

他们需要做什么？

他们感受如何？

他们看到了什么？

他们听到了什么？

痛点

收获

他们在说什么？

他们做了什么？

2.5 用户测试

用户测试是将你的产品在设计过程的不同阶段展示给我们所在真实世界的真实用户，这会为你提供重要的数据来调整完善你的产品。在收集和分析数据、构建用户画像并形成用户旅程图之后，你或许已经认为你足够了解你的用户都是谁，以及他们将如何使用你的产品，但其实直到你将你的设计作品直观呈现在人们面前，并要求他们与之产生交互，否则你无法知道他们是否会以你期望的方式使用产品。

这就是用户测试至关重要的地方——可以帮助你确定哪些内容是有效的，哪些内容需要改进。我们在第一部分中讨论的每个不同的设计流程都包括对项目的测试。测试你的创意和想法并将其展示给受众（无论是你的客户还是用户），这对于为你的项目产出成功的设计结果至关重要。

在用户测试环节，用户被要求执行测试任务，在任务过程中表述他们对自身感受的各种想法，同时他们在任务中的各种行为都会被观察记录（图44）。这种观察记录可以是相当非正式的，或者可能涉及通过不同的设备来评价用户在体验产品时的不同反应。用户测试需要细致的指导与辅助——你不能简单地要求用户去使用你的产品，你需要给他们一个通过使用你的产品来完成的任务（如查找特定信息或预订一个假期旅行方案）。

用户测试并不是为了提出全新的创意——通常是为了辨识出在产品体系内那些不顺滑的地方，并进行一些小改进。

图44 纸质原型可以帮助你测试特定的用户任务。

可即使是这些小改进，也会对产品的成功产生巨大影响。用户测试应该在设计和开发过程的不同阶段出现，以确定你的产品是否让使用者能够轻松地实现他们的使用目标。若用户测试中仅有的某个个体做了一些另人意想不到的事情，这并不意味着每个人都会这样做；但是如果你发现大部分的测试用户做了同样的事情，那么大多数其他人很可能也会这样做。

你可能希望确保网站或页面导航的结构清晰，或者容易访问并能直观地传达出这些产品是什么。或者你可能想测试特定的用户任务或预期的用户旅程，以确保这些任务可以实现，而不会导致用户认知超载。你还可以在产品上线后进行用户测试，以更好地了解为什么那些或宏观或微观的用户目标没有能够实现。A/B测试（A/B Testing）和Beta测试（Beta Testing）是两种对于改进产品十分行之有效的用户测试方法。

A/B测试（A/B Testing）

A/B测试是一种性价比很高且相对容易的方法，可以用来测试某网站上新设计的元素或功能，是否带来了更好的用户体验及产品功能。该测试流程的工作原理是设置一个系统，向测试用户显示现有的页面（A）或新改进的页面（B）。通常，一半用户会看到页面A，一半用户会看到页面B。通过分析这些页面的浏览数据可以帮助你决定是否应该实施新的页面B改进方案（图45）。

A/B测试通常涉及那些微小的设计改进，如新标题、新口号或一些图像，而不是彻底的重新设计。该测试通常和定量分析法一起使用，来分析与改进你的数字设计产品。在开始A/B测试之前，确保你有明确的测试目的和目标非常重要，否则你可能会得到一些模棱两可的结果。请始终清楚你正在测试的页面的用途，以及你希望用户实现的目标。特别是在网站和游

图45 A/B测试。在此测试场景中，B版本的转化率高于A版本。

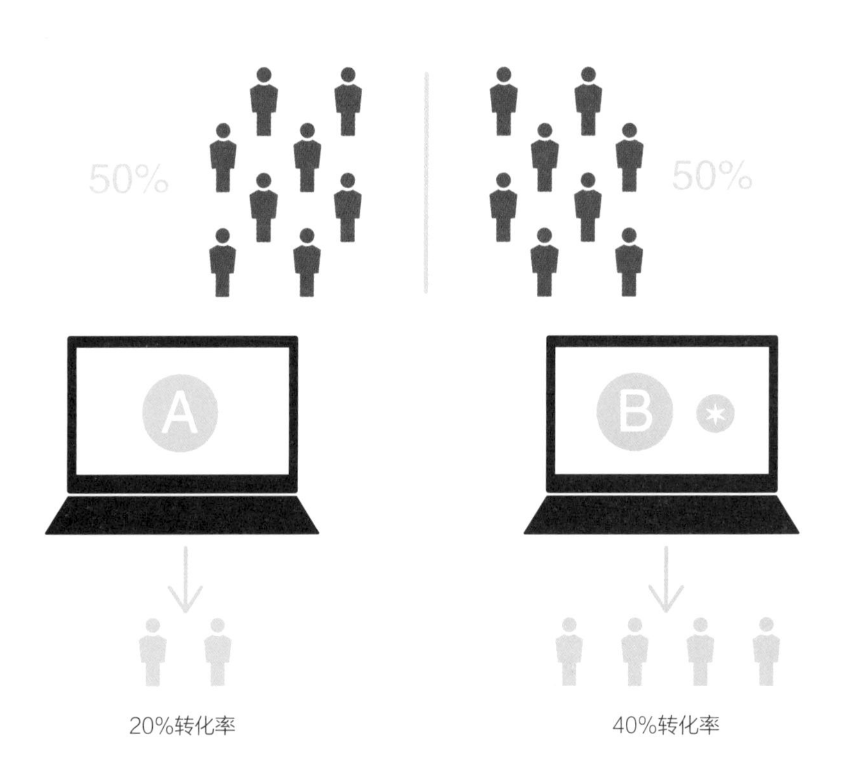

戏产品设计中，你需要确保可以衡量结果：例如，在页面上花费的时间或点击次数。这应该构成A/B测试的基础。A/B测试在一些情况下不会产生任何有效结果，如压根不了解用户访问你网站的具体原因，或用户对你提供的产品一点不感兴趣。

Beta测试（Beta Testing）

Beta测试由你的最终用户进行，以帮助在产品发布之前解决任何可能存在或出现的错误及问题。有时这发生在较为受控的测试环境中，要求通过指定的小组测试新产品；但其有时还可以在任何人都可以访问测试产品的开放环境中进行，并且还可能包含A/B测试的元素。Beta测试是宝贵的数据来源，因为我们鼓励用户就他们的切身体验或可能发现的任何产品问题提供反馈。

Tips——关于一个成功的测试环节

亲身进行测试和采用虚拟测试都是有效的，但每种方法都面临着挑战。面对面的线下亲身测试可能意味着用户处于陌生的环境中，并且他们还必须前往测试地点进行测试；而在虚拟测试环节中，你必须依赖用户的设备及各类链接顺利工作，才能够有效记录测试过程。

在执行测试任务期间，你需要收集尽可能多的信息，以便稍后查看。用户测试并不总是需要那些高科技实验室和昂贵的测试工具。通常你只需使用录屏功能和摄像机即可获取所需的数据。

无论你的项目处于哪个阶段，如下这些简易的指南可以帮助你充分利用用户测试：

在测试前明确用户目标及使用场景。你希望通过用户测试实现什么目标？一旦您清楚这一点，你就可以开始思考你可能希望为用户提供的使用场景。

一次测试一个人，但目标是为尽可能多的用户进行测试。最好在一次测试中只测试一个人。如果你尝试一次同时与四五个人开展用户测试，你可能会发现参与者之间会相互影响，你将无法收集并分析这些过于复杂的信息与数据。也就是说，你应该分次、按顺序测试这几个人，以便为你提供足够有价值的数据并在数据集中找到要点。

让你的用户感到轻松自在。当你开始测试环节时，你可能会发现用户很紧张，并且不确定其对测试有任何期望。请冷静地解释测试的目的以及测试将如何开展，这是十分有帮助的。

让你的用户畅所欲言。收集尽可能多的信息非常重要，做到这一点的一种方法是让你的用户“大声思考”并不断地说出他们的想法，以帮助你了解正在发生什么以及他们为什么做出一些特定的选择或采取某些操作（打个比方，为什么他们选择以一种特定方式操控你的产品）。鼓励用户畅所欲言的另一种方法是提出问题。当你这样做时，请对用户提出开放性的问题（而不是那些仅需回答“YES or NO”的封闭式或具有引导性的问题），从而鼓励用户进一步思考他们的行为并表达他们的想法、意见和创意，这将为你提供更丰富的数据集 。

做好观察记录——千万别多话！重要的是，在你要求用户完成测试期间，不要对用户产生太大影响，否则你将可能得到错误的结果。当然，这并不意味着你要始终保持沉默，你或许会发现你需要时不时提示用户并要求他们说说为什么他们有某些行为或他们的想法是什么。

在完成用户测试后，你需要整理和分析得到的数据，识别出那些已出现的状况，然后形成报告或后续的工作要点呈现给你的团队（见“数据采集”“数据分析”以及“数据可视化呈现”，第58~75页）。这将指引项目将进一步向前发展。

小结

在本部分中，我们探讨了了解受众的不同方法。如果你了解你的受众，你将能够做出自信、明智的设计决策，以改进你正在开发的产品，并进一步优化用户体验。

根据所处的产品开发的某个特定阶段（从用户测试到数据分析），以及任何你希望了解的信息，可以使用不同的方法和工具采取有效行动。重要的是要知道使用什么方法、何时使用它们，以及最重要的是提出正确的问题。一旦获得这些信息，便能够加以转译，并将其转化为团队中每一个成员强有力的行动。

用户测试

苏布拉吉特 · 达斯（Subhrajit Das）在数据云管理公司Cloudera的团队中担任首席用户体验设计师。他们创建的产品可帮助组织中的数据科学家或工程师用来收集、整理和分析有助于指导组织未来方向的信息。Cloudera的专长是提供融合了本地和基于云端的解决方案。苏布拉吉特的部分职责是在不同平台上创造一致的体验。

方法路径

ETL通道项目［提取（Extract）、转换（Transform）、加载（Load）］，是苏布拉吉特正在进行的项目之一。该通道工具可以帮助数据工程师，使数据可供那些试图从数据中获取价值的人使用。举个例子，苏布拉吉特说，“这可能涉及从沃尔玛或乐购公司的销售点获取数据，以帮助了解特定商店中哪些库存不足。为此，工程师将数据从数据源移动到某种存储库数据的仓库中。然后，他们进行数据转换，因为数据可能不利于分析——可能会丢失或损坏。数据工程师将数据转换为不同的格式，以便业务分析师等人员可以从中获取信息。”作为产品开发的一部分，苏布拉吉特和Cloudera的用户体验团队进行了用户测试，以了解产品是否能满足用户的要求和期望并发现和衡量痛点。

Cloudera通过组建三方关键成员团队来开发新产品和优化现有产品，即用户体验团队、工程团队和产品经理。三方团队明确提出了他们希望增添到现有产品中的新形式或关键功能集。新产品或新功能是通过整个开发周期中持续的用户测试来得到的。用户研究决定了正在构建的产品或功能是否能够解决现有的问题。

苏布拉吉特说：“我知道，如果我理解了这些产品问题，我就已经完成了50%的工作。如果您了解正确的问题，您就知道该解决方案在大多数情况下都有效。如果我们即使在提供更新后也没有找到正确的问题或解决方案，就无法解决客户的问题，也无法推动我们的项目。”考虑到这一点，苏布拉吉特首先安排了一些客户访谈，通常由Cloudera内部人员开始。他说：“我最初可以使用内部人员，如销售人员、客服人员或项目经理专家，让他们作为客户的代理人，不断与客户及其问题保持关联。这有助于我们激发一些创意，并且我们会得到一些问题的反馈，帮助我们确定下一步行动。然后我们会让真实的用户进行用户测试环节。”苏布拉吉特和用户体验团队准备了一系列非结构化的开放式问题，以了解用户当前的感受。

如果苏布拉吉特正在开发新产品，他会进行一些定性研究，因为他想“了解用户在当前产品体验的流程中，最令其崩溃的是哪些地方，以及用户在没有我们产品帮助的情况下如何完成其目标。我的脑海里会有四五个问题，我也会收集其他相关部门的问题，比如产品经理和工程经理。”

在最初的用户研究中，苏布拉吉特和他的团队特别希望了解不同的痛点以及用户通常如何使用现有产品。该团队通常会进行大约五次采访，故意提出开放性而非引导性的问题以获得一些信息。然后团队分析访谈及反馈内容，找出重复出现的那些点，并利用其生成一系列优先事项，通过创建不同的模型、工作路径和图表来解决这些问题。

苏布拉吉特解释说，“在用户访谈/用户测试过程中，会有两个人，一个人做笔记，另一个人提问。”让参与者放松很重要，苏布拉吉特认为：“如果你已经与用户建立了良好关系，他们会更愿意向你提供反馈。如果他们是第一次回答开放式问题，那么他们可能很难理解为什么要问这些问题。当这种情况发生时，我会解释说，我正在尝试了解他们当前的产品体验流程以及他们现在的痛点，而不是用我的想法来限制他们。”

“如果你理解了正确的问题，你就知道该解决方案在大多数情况下都是有效的。”

因此，苏布拉吉特说："重要的是我们应该不以任何方式干扰到用户，并以相当开放的方式提出我们的问题。但我们也需要确保与用户产生共情。"他还表示参与者通常可能不会立即提供反馈，因为他们担心这可能会让Cloudera看起来很糟糕，或者因为他们无法做到正确的事而让他们看起来很糟糕。因此，我们告诉他们，参与者能为我们带来的最好帮助就是诚实的反馈，不要太过担心。"

"如果我只是笼统地问他们一些问题，例如'在您当前的体验流程中，最令人沮丧的三种产品体验是什么？'他们可能不会给我三个，但他们肯定只给我一个，如"我肯定需要做这件事，但我花了20%的时间做了其他事。"对于一名设计师而言，这确实是有用的信息。"更灵活的对话让我们有机会找到以前可能被忽视的问题的根源。

在定性研究之后，项目团队将开会商定关键问题，然后开始对它们进行分类。这有助于他们识别用户在体验中的痛点和落差。然后各相关部门团队使用亲和图法来分析反馈并确定其优先级（见"亲和图分析法"，第67页）。随后，团队对他们认为最需要开发完善的三个类别进行投票，每个成员绘制方案草图并共享其新的交互设计。从此时起，团队将创建不同的交互体验来启动解决这些已被识别的问题的项目攻关。团队可以使用Cloudera的设计系统进一步完善创建产品模型。

下一阶段是探究用户场景："想象一下你是X，如果你想做Y，你应该如何去做？"这些是项目中的相关团队所达成一致的。测试用户场景有助于验证设计假想和体验流程。用户通过设计模型自行完成这些场景，而用户体验设计师则观察用户是否能够按预期完成任务，或者是否在某些地方犹豫不决。测试团队将有一个预先商定的脚本，以便与他们的测试保持一致。

在整个用户测试过程中，应鼓励参与者提供反馈并大胆说出其想法，这有助于团队了解参与者做了什么、不明白什么以及一些细节，如为什么他们找不到特定的工具。在测试过程中，记录员将使用便签来收集测试的详细信息。

这个由产品开发和用户测试形成的周期会一直持续到产品发布。临近发布时所发现的任何问题都可能在下一个开发周期中进行探讨——这就是为什么每个新的开发周期都包含优化完善和全新功能。

对未来的思考

苏布拉吉特认为，自动化体验测试在用户测试中可能越来越有价值，例如，能够将潜在的设计放置于一个空间中，用户无须具备高级别的识别即可对其进行自动测试。苏布拉吉特说："重要的是要记住用户测试的目的是验证你向客户提供的内容"，而自动化体验测试可以在某种程度上实现这一点。虽然仍然需要定性用户测试，但苏布拉吉特认为定量测试可能会发挥更大的作用。还可能有助于寻找特定用户进行测试。

找到愿意花时间进行用户测试的专业参与者可能是非常困难的，这也是苏布拉吉特自己想要改进的痛点之一。

苏布拉吉特认为用户体验设计师在整个企业业务中可以发挥更大的作用。他说："伟大的设计是一个核心价值的创造者"，通过"设计成熟"，企业可以在公司的各个层面，采取更加以用户为中心的方法。让更多的设计师担任高级职位，可以让高层做出更加以客户为中心的决策。这可以进一步优化那些用户友好型（User-friendly）思维的设计路径，带来创新产品，并在人力资源和销售部门培养以用户为中心的协同设计方法。

"如果你已经与用户建立了良好的关系，他们会更愿意向你反馈信息。"

第三部分

优化产品

106–151

3.1 设计数字界面

在第一部分中，作为探究不同的数字化设计方法的一个环节，我们介绍了吉莉安·克兰普顿·史密斯对好的交互设计的定义（见“数字化设计方法”，第20页）。在第二部分，我们研究了了解受众的不同方法。在第三部分，我们将在此基础上进一步说明不同类型的界面，以更好地掌握利用基于屏幕的数字媒体如何构建内容以及如何可视化你的产品，从而完善你的数字解决方案，以及如何在任意交互设备上创造出最佳的用户体验。

交互界面是文字、图像甚至声音的混合体，用户通过其与数字产品进行交互，因此这些元素需要尽可能有效地协同工作。界面可以被视为用户进行交互时的交互点和交互设备。数字媒介既有优点也有缺点，了解这些优缺点非常重要，这样你就可以利用它们来创造引人入胜的用户体验。

马歇尔·麦克卢汉（Marshall McLuhan）在他的著作《媒介即按摩》（*Medium is the Massage*）中介绍了这样一个观点：“所有媒介都是某些人类能力的延伸……轮子是脚的延伸……书是眼睛的延伸……衣服是皮肤的延伸，电路是中枢神经系统的延伸。”麦克卢汉认为其观点所包含的一切内容改变了我们看待周围世界以及与世界交互的方式。他认为“以‘向前看’为由，我们的一些文化正在努力迫使新媒介做旧媒介的工作。”在社会环境中，培养我们怎样对待媒介，以及我们怎样在文化属性加持下使用新兴媒介，对更好地利用数字媒介来创建创新解决方案是十分有帮助的。

网络效应

《网络效应》(*Network Effect*，2015年)是乔纳森·哈里斯(Jonathan Harris)和格雷格·霍赫穆斯(Greg Hochmuth)创作的交互式拼贴画，使用数据可视化来研究我们如何体验在线生活及其对我们的影响。用户每天访问该项目的时间有限，具体取决于他们所在居住地的居民平均寿命。

“《网络效应》探讨了使用互联网对人类心理的影响，线上收集的视听材料呈现出势不可当的侵袭。”

乔纳森·哈里斯(Jonathan Harris)

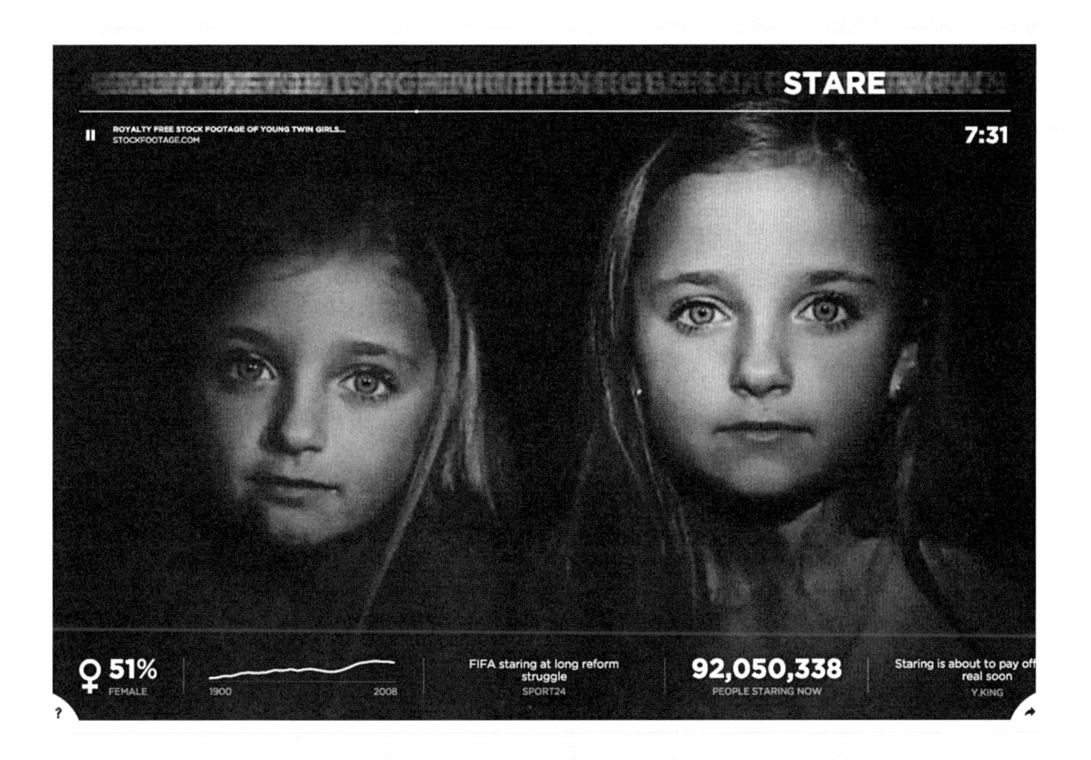

《网络效应》截图

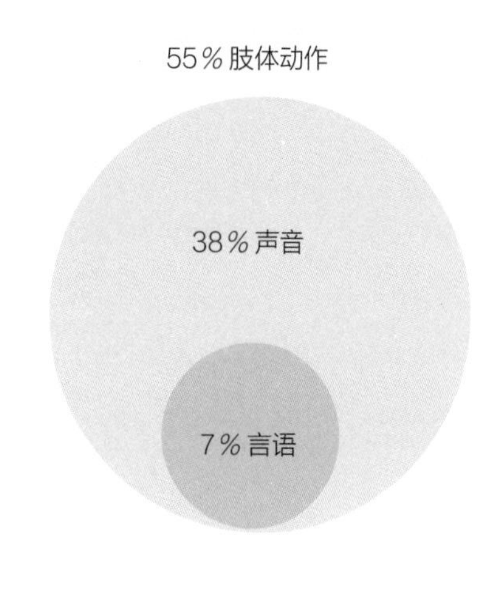

图46 言语仅占人类交流的7%。

尽管数字革命为人类交流创造了更多机会，但数字产品仍然依赖于可能限制我们对创作者意图信息的理解的交流形式。

道格拉斯·拉什科夫（Douglas Rushkoff）在他的《编程或被编程》（*Program or Be Programmed*）一书中讨论了梅勒·科尼亚（Mele Koneya）和奥尔顿·巴伯（Alton Barbour）的工作，他们认为在人类的交流中，只有7%发生在语言层面，人类55%的交流是通过肢体动作来完成的，还有38%是通过音调、音量和语气等声音来完成的。由此带来的挑战是，大多数形式的在线交流都依赖于言语——言语仅占我们交流方式的7%——并且无法充分利用我们自然的人类交流技能。因此，数字界面在视觉方面尤为重要（图46）。

在我们人类的交流中，只有7%是口头交流。其余的则通过我们的身体动作和声音来表达，这给在线交流带来了挑战。

视觉设计要素与原则

除了文字之外，我们还能够通过单向图像和声音（以及一些有限的触觉反馈）与用户产生交互。视觉要素及其显示是用户体验的重要组成部分。视觉设计原则引导设计师了解如何最好地呈现信息。即使你自己不是学习设计出身的平面设计师，了解这些原则也将帮助你以有效且经过深思熟虑的方式创建交互界面和以视觉化形式构建信息。

设计要素

线（Line）：连接两个物体，也引导视线或分割物体。

色彩（Colour）：增添性格与情感，还可以表明层级。

形（Shape and Form）：可以是有机的、几何的或抽象的；形提供结构或吸引注意力，可以连接或分割。

质感（Texture）：你所创造的物体的表面的外观，以及由此引起的感觉。

尺寸（Size）：影响物体之间的关系，传达它们的相对重要性并帮助吸引注意力。

明暗（Value）：指物体颜色的深浅程度；该值与对象的背景相关，例如，在纯白色背景上，最暗（深）的颜色是100%黑色。

空间（Space）：物体周围的空白区域或物体占据的空间；有助于引起观者对设计重要部分的注意并提高可读性（见“注意力与可读性”，第132页）。

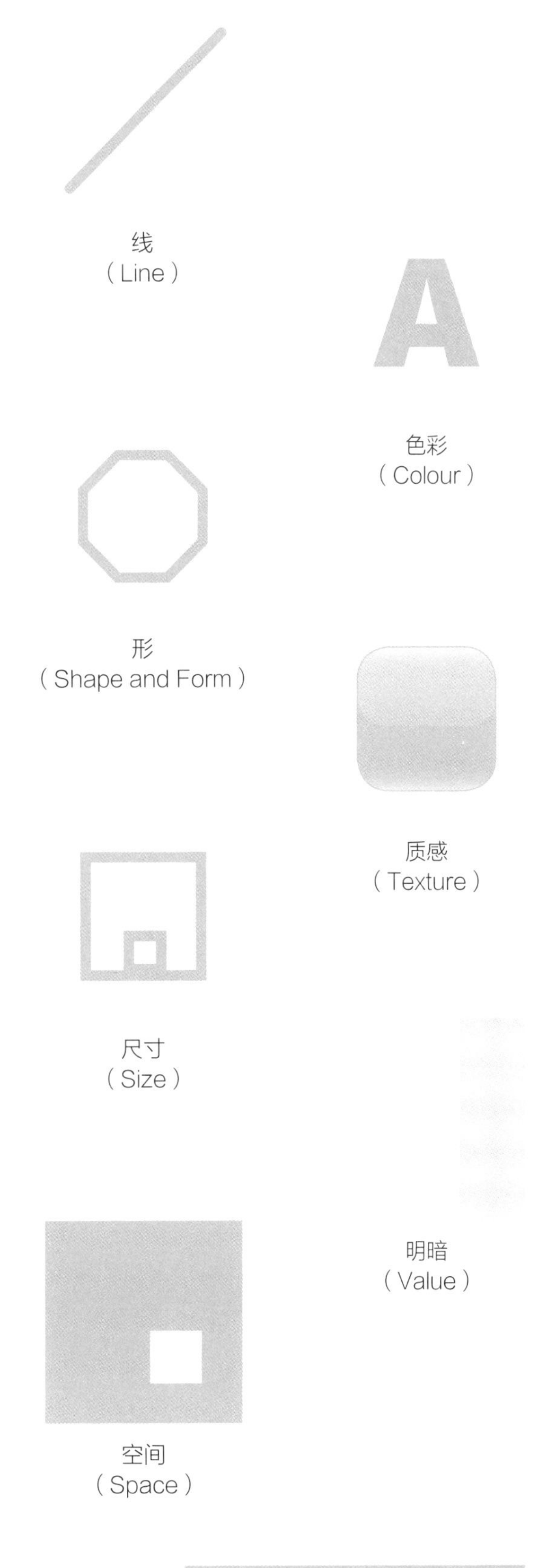

设计原则

对比（Contrast）：在设计的不同元素之间创建对比，可以更轻松地区分他们，并在内容中传达层级。

对齐（Alignment）：对齐设计中的对象有助于在页面上创造连接和凝聚感。横竖网格有助于布局页面的内容。

重复（Repetition）：重复出现的元素有助于创造设计的一致性和位置感，也有助于创建范式和秩序。

接近性（Proximity）：将视觉对象分组在一起的方式可以在他们之间创建一种归属感，并有助于组织页面或屏幕上的元素。

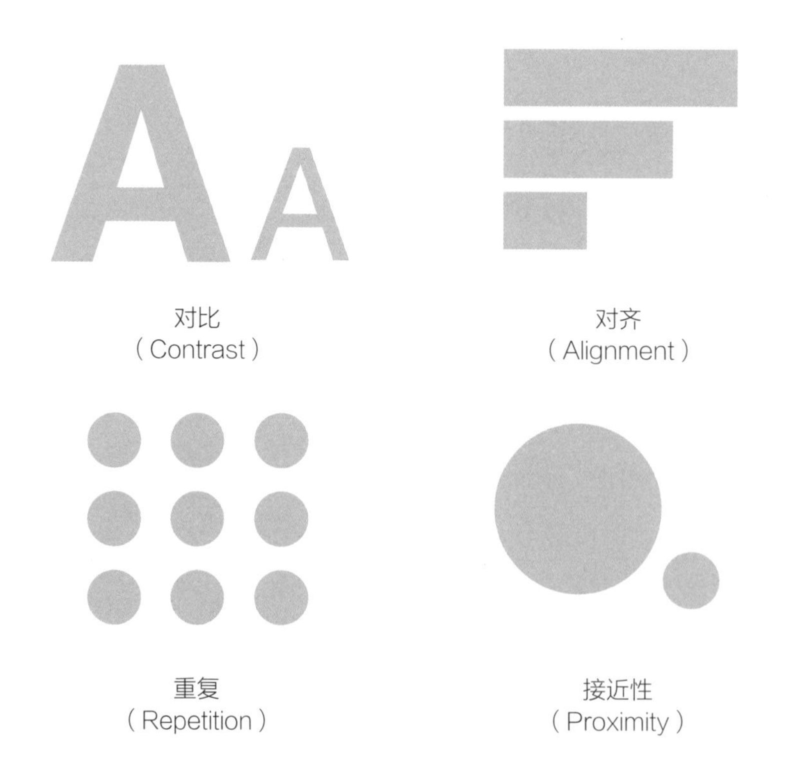

格式塔原则（Gestalt Principles）

格式塔（Gestalt）是一个德语单词，意思是“形状”或“形式”。格式塔原则解释了眼睛如何感知视觉对象，在设计细节上扩展了与视觉设计师相关的经典设计原理。其是由三位德国心理学家［马克斯·韦特海默（Max Wertheimer）、库尔特·考夫卡（Kurt Koffka）和沃尔夫冈·科勒（Wolfgang Kohler）］提出他们专注于了解人们如何看待周围的世界。格式塔原理在用户体验设计中很重要，因为它们帮助我们设计出用户一眼就能看懂的界面——尤其当我们的用户通常只在一个网页上花费几秒钟时至关重要（见“注意力与可读性”，第132页）。

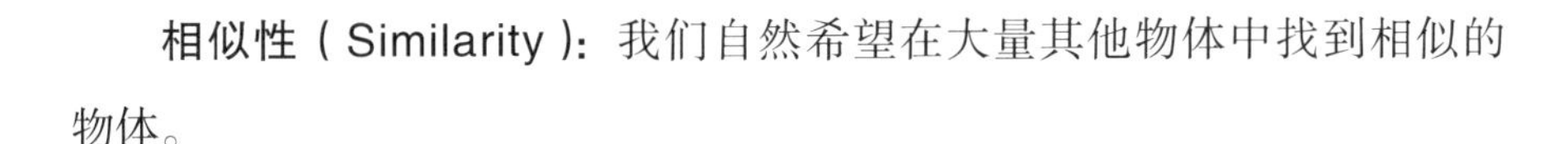

相似性（Similarity）：我们自然希望在大量其他物体中找到相似的物体。

相似性（Similarity）

连续性（Continuation）：我们的视线很可能会跟随一条线，即使它改变了颜色或形状。

连续性（Continuation）

封闭性（Closure）：我们更喜欢封闭的形状，因此我们的大脑会自动填充图像中不存在的部分。

封闭性（Closure）

主体/背景原则（Figure/Ground）：与封闭性相关。我们首先寻找固定物体，倾向于优先看到它的前景——除非它是模糊的，如流行的鲁宾的面孔——花瓶幻觉（Rubin's Vase），它可以被视为花瓶或两张人面，这取决于你专注于空间的哪一部分。

主体/背景原则（Figure/Ground）

接近性（Proximity）：当我们将多个对象组合在一起时，我们的大脑将它们视为单个对象。

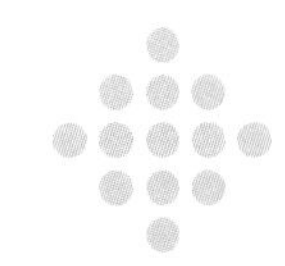

接近性（Proximity）

对称有序性（Symmetry and Order）：我们的大脑会将复杂的物体分解成更简单的物体。

对称有序性（Symmetry/Order）

共同命运原则（Common Fate）：如果我们看到形状或线条移动，或指向同一方向，我们的大脑会将它们组合在一起。

共同命运原则（Common Fate）

这些要素和原则并不是孤立存在的——不同的概念原则之间存在明显的交叉。结合使用它们的方式有助于创建独特的设计。了解这些规则也很重要，这样你就可以有意识地打破它们。一些最有效的设计之所以脱颖而出，是因为故意破坏了原则。但重要的是不要同时破坏所有元素和原则，因为这很容易导致混乱。

拟物化与扁平化设计（Skeuomorphic and Flat Design）

你可以采用多种不同的视觉方法来创建基于屏幕的解决方案。其中一些借鉴了现实世界，而另一些则更加抽象。

在数字化空间中，拟物化设计（Skeuomorphic Design）从现实世界中提取物体并以虚拟方式重新创建它们。虽然这似乎与数字媒介相矛盾，但它使数字界面更易于识别、令人安心且易于理解，帮助用户与新设备进行交互。拟物化设计在数字界面的许多方面都很显而易见，从用作电子邮件程序图标的信封，到游戏应用程序二十一点的绿布背景桌或计算器的圆形按钮，都借鉴了现实世界使界面变得受欢迎且具有相关性（图47~图49）。

作品展见第113页

与拟物化设计相反，扁平化设计（Flat Design）并没有如此程度地借鉴现实世界——相反，它通过使用扁平化图标和颜色来拥抱数字空间。消除一些人可能描述的不必要的材料和纹理混乱，通过专注于信息来创建更清晰的易读性（图50~图52）。

作品展见第114页

拟物化和扁平化设计是现实世界向虚拟世界转化的过渡，随着我们越来越习惯与数字空间的交互，我们有可能进一步远离拟物化这一视觉起源。

作品展3.1：拟物化与扁平化设计

图47 苹果iBooks应用程序中的拟物化翻页动画复制了现实世界的读书体验。

图48 苹果应用程序界面的早期版本非常拟物化，如苹果iBooks中的书架。

图49 iPad版Apple Notes采用了基于实体记事本的界面设计。

作品展3.1：拟物化与扁平化设计

图50 苹果的设计实践已经逐渐从拟物化转向扁平化设计，正如计算器应用程序界面的这些迭代所示。

图51 微软坚定拥护扁平化设计，在Windows 8界面中使用磁贴图标。

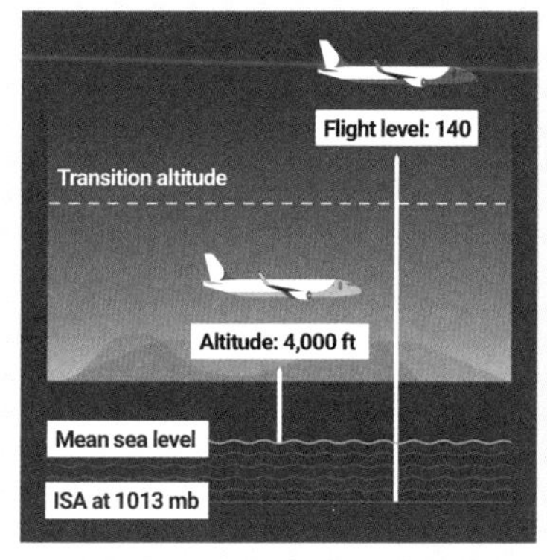

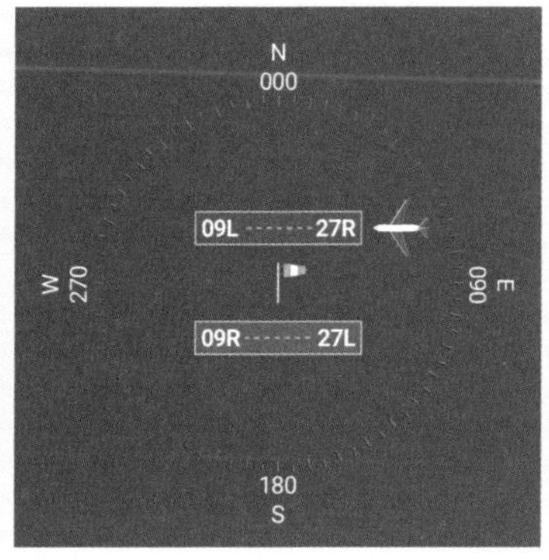

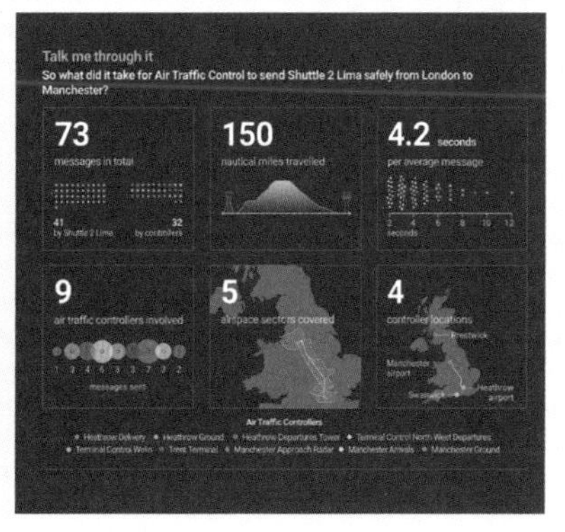

图52 在英国国家空中交通服务项目《Plane Talking》中，Beyond Words Studio使用平面设计来探索NATS空中交通管制员如何引导从伦敦飞往曼彻斯特的航班。

认知摩擦（Cognitive Friction）

艾伦·库珀（Alan Cooper）在他的《囚犯管理收容所》（*The Inmates Are Running the Asylum*）一书中引入了“认知摩擦（Cognitive Friction）”一词。他将认知摩擦描述为“人类智力在处理随着问题的变化而变化的复杂规则系统时遇到的阻力”。虚拟空间中的对象可以不断改变交互行为，而物理空间中的对象的交互通常是可预测的并且不太可能改变。例如，虚拟开关按钮可以根据许多变量来改变它的功能，因此每次按下它时打开或关闭的内容都可能会改变；然而，连接到机器上的物理开关按钮总是会做同样的事情。了解认知摩擦有助于你为用户创造成功的交互体验和质量。

意想不到的交互变化会造成思维或交互过程的中断，并且通常会让用户对其体验感到困惑或恼怒。结果是他们可能不记得自己在做什么、为什么在那里或想要实现什么目标。了解认知摩擦及其可能发生的位置将有助于你设计成功的用户体验。了解用户和用户测试对于识别痛点和可能发生认知摩擦的区域至关重要（见“了解用户”，第84页）。

认知摩擦并不总是坏事，它可以在设计中有意地产生。然而，其实际上只在实验性交互界面中占有一席之地，界面故意挑战用户从而质疑体验本身，或者鼓励用户变得活跃，让用户自己解决问题并从中学习。但这必须在用户愿意参与此过程的正确环境中进行，如游戏化交互。

直觉设计（Intuitive Design）

认知摩擦的另一端是直觉设计。这是对象和项目以用户期待的交互方式响应所在，不是以奥威尔（Orwellian）《1984》的方式，即一切都是相同的且全局控制的，而是以一种为用户创造一致体验的方式。例如，如果你创建的设计中，文本正文的超链接带有下划线和粉红色，则整个产品中的所有链接都需要以相同的方式设置样式。这与设计系统以及设计本身和格式塔原则非常吻合，并且是其一部分。直觉设计还关注当你与某物交互时的行为方式。元素不仅应该看起来一致，而且当用户与其交互时，交互行为也应该一致（请记住吉莉安·克兰普顿·史密斯关于好设计的定义："数字化设计方法"，第20页）。

直觉设计与拟物化设计和更抽象的扁平化设计相联系，并在两者之间产生张力。为了创造一种直观且可识别的体验，人们很容易选择拟物化设计。然而，随着我们越来越习惯与数字界面交互，我们可能会远离那些曾经与这些界面最初开发的现实世界中的对象所带来的初始符号的联系，并在我们的解决方案中变得更加实用和扁平抽象。这些解决方案由数字媒介构成，为了我们的受众而设计（图53）。

图53 梅赛德斯-奔驰的汽车钥匙设计变得越来越直观（从右到左）。最终，车钥匙可能会变得完全抽象——一个手机应用程序而不是一个实体设备。

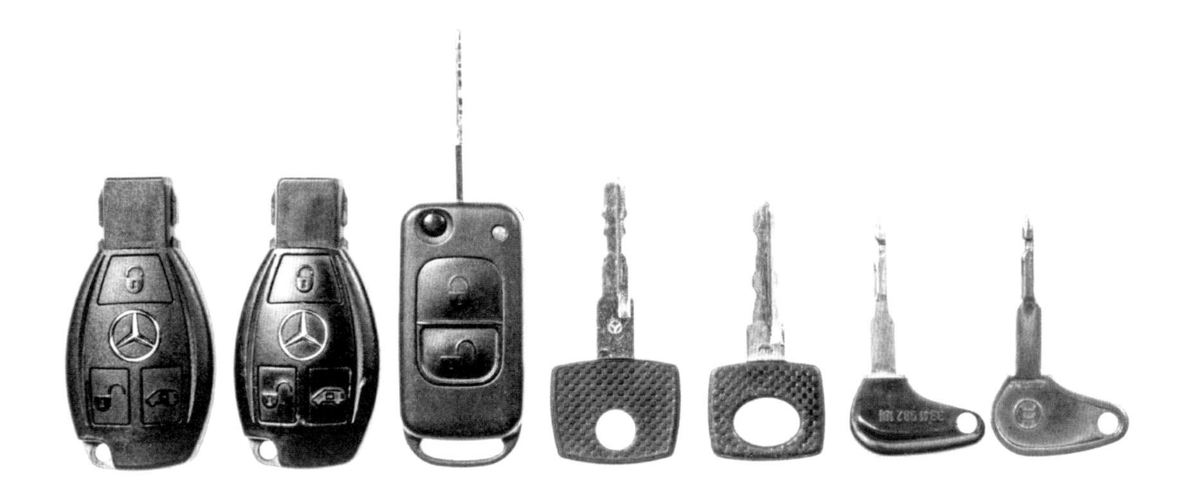

一个设计，多种设备

我们已经论述过，即使在多平台空间中使用同一平台，用户也能获得不同的体验（见“相同平台，不同体验”，第46页）。对此的扩展延伸是了解用户可能根据他们使用的设备而提出的不同需求。

针对不同设备和不同屏幕尺寸进行设计需要一些实践性思考，首先是挑战屏幕空间的大小以及首屏（Above the Fold）——滚动前可见，以及非首屏（Below the Fold）——滚动前不可见的内容。在开始设计数字界面之前，了解你的受众以及他们将如何在不同设备上使用你的产品至关重要。

当你创建基于屏幕的设计时，重要的是要考虑将在其上查看的不同设备，因为每种设备都有不同的形状和尺寸。一般来说，你需要针对手机、平板电脑和台式机的屏幕尺寸进行设计。目前，最好的做法是先针对最小的屏幕（通常是手机）进行设计，然后扩展到台式计算机，因为大多数交互都发生在移动设备或其他小屏幕设备上（图54）。一般来说，在为较小的屏幕创建解决方案时，你将面临更多的设计挑战。从较小的屏幕开始的好处是，你将在设计过程的早期克服许多挑战，而不是必须在过程的后期阶段解决这些挑战，这通常会更加困难。

首先针对移动设备进行设计，使你能够考虑所需的不同设计元素以及对用户最重要的元素，同时还需要考虑到用户最常使用手指而不是鼠标进行操作（图55）。在针对移动端显示进行设计时，重要的是要考虑到以下要素：

作品展见第122页

图像的大小和比例（Size and Proportions of an Image）。图像的显示方式可能会有很大差异。移动屏幕的长宽比可能与桌面屏幕不同——桌面屏幕通常更宽，而手机屏幕通常更高（长）。

横竖网格（Columns and Grids）。使用网格使你能够快速布置设计中的不同元素并对齐它们以创建一致的设计和体验。这可以帮助你快速引导读者找到最重要的内容。桌面的宽度意味着你可以选择在屏幕上包含多列内容，但如果你在手机上复制此内容，内容可能会变得太小而难以辨认。两列通常适用于图像，但大多数时候只需要一列，特别是如果还包含大量文本时。

版式（Typography）。考虑如何在较小的屏幕上显示排版，如它需要多大的尺寸才能清晰可见，以及在不同的屏幕上会如何变化？

页面层级（Page Hierarchy）。仔细规划首屏和非首屏内容。对于较小的屏幕，显示内容的层级变得更加重要。当次级层级有更多内容时，进行指示引导是一种很好的做法。

图54 移动端优先设计。

导航（Navigation）。在小屏幕上同时显示网站导航和内容比较困难。因此，汉堡状菜单图标（由三条水平线组成，通常在网站顶部可见）在小屏幕布局中变得流行。这使得菜单可以作为内容之上的一层进行访问，它不需要始终可见并占用大量空间。

一旦解决了这些元素和问题，你就可以开始考虑随着屏幕尺寸的增加，内容的结构和显示将如何变化。

超越屏幕之外（Beyond the Flat Screen）

我们主要专注于基于屏幕的视觉解决方案的设计，但我们研究的设计方法和途径可以转移到新兴的非基于屏幕的平台，如语音用户界面以及虚拟和增强现实。语音用户界面（Voice User Interfaces）使用语音识别，允许用户通过语音命令访问技术。这些界面在我们的日常生活中变得越来越流行，从要求我们的手机拨打电话或发消息，到指示我们的家庭系统调暗灯光或播放特定的音乐（图56）。未来，这些界面很可能会出现在我们生活的许多其他领域，从声控锁到可以收听和转录会议然后写笔记的虚拟助理。随着这些技术变得越来越普遍，道德和隐私是关键问题，但作为用户体验设计师，了解如何创建可通过语音命令访问的解决方案非常重要。

作品展见第123页

与任何其他数字解决方案一样，语音用户界面的设计首先要了解用户，包括绘制用户旅程、用户测试以及识别和解决在使用产品期间可能发生的任何认知摩擦。此外，你还应该考虑语音用户界面的个性，因为这将对用户如何感知你的创作并与之交互产生很大影响。

界面声音是老的还是年轻的？ 有口音吗？ 反馈情况如何？ 是严肃的、非正式的还是讽刺的？

您的交互中可能没有屏幕，因此了解何时使用语音用户界面、用户可能会询问什么以及他们可能会如何询问非常重要。例如，如果用户提出一个有多种可能答案的模糊问题，则可能很难使用语音进行简洁的交流（想想屏幕上的搜索结果）。然而，一个简单的请求，如添加日记条目或播放特定的音乐，具有明确的结果，则可以通过语音用户界面轻松传递。因此了解何时使用语音激活界面以及何时不使用它至关重要。

虚拟现实和增强现实是超越简单的基于屏幕界面的其他数字解决方案。增强现实（Augmented Reality）产品将视觉界面与现实世界的交互相结合（图57、图58、图60、图62）。通常，这意味着界面简单且精简，因为交互涉及物理移动设备以定位或浏览应用程序。

作品展见第123页

虚拟现实（Virtual Reality）产品优先考虑环境本身，而不是外部接口（图59、图61）。用户体验可能会更加融入视觉环境，因此体验的叙述和用户流程可能需要仔细考虑。不同的提示可以帮助用户在虚拟空间中导航：例如，声音可以将用户吸引到某个物体，阴影或强光等视觉提示可以警告危险。

作品展见第124页

虚拟现实产品可以模仿现有的现实世界空间，如画廊或博物馆，使用户能够体验距离太远而无法到达的空间，或者可以是想象的现实。虚拟现实作为玩游戏的空间越来越受欢迎，其在其他空间（如工作环境和工业空间）中也具有巨大的应用潜力：例如，你可以使用虚拟空间与一群人面对面交流，如世界各地的同事，或者你可以创建一幅真人大小的图画。

作品展3.1：一个设计，多种设备

图55 移动端优先的界面设计方法（如Airbnb应用程序采用的方法）意味着界面可以在不同设备（从手机到平板电脑再到台式电脑）之间轻松扩展。

作品展3.1：超越屏幕之外（Beyond the Flat Screen）

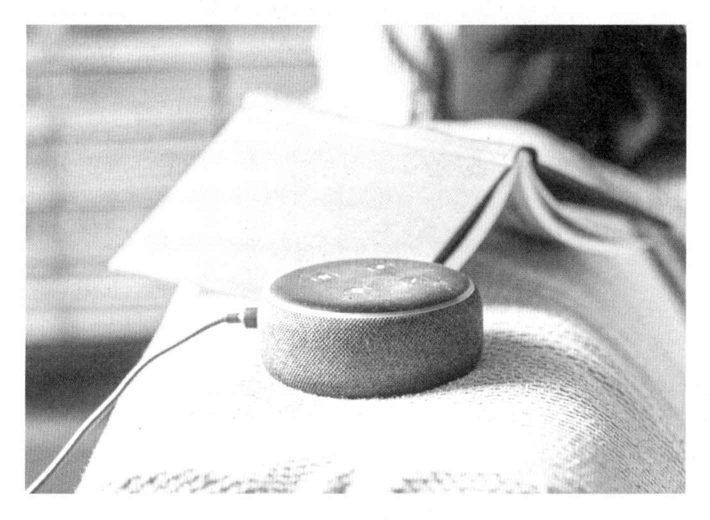

左　图56 亚马逊的Alexa Echo Dot是一款小型智能扬声器，可让您播放音乐、拨打电话、访问互联网以及使用语音命令控制连接的设备。

下　图57 埃洛伊斯·卡兰德雷（Eloise Calandre），《红屋》（*Red House*，2018），增强现实游戏原型。

埃洛伊斯·卡兰德雷的《红屋》是一种针对特定地点的增强现实设计，使用现实世界标记将虚拟内容链接到物理对象，并创建一个游戏，承诺揭开隐藏的事物。玩家根据物理空间中的线索组装谜题，这些线索通过手机屏幕显现出来。埃洛伊斯·卡兰德雷认为："增强现实是一种将现实和虚拟结合在一起的工具，就像早期的影像技术一样——这项技术在其起步阶段，对观众来说是魔术、物理和机械的结合。"

图58 《宝可梦Go》（*Pokémon Go*）手机游戏使用增强现实将虚拟游戏与现实世界混合在一起。

图59 《一场好奇的槌球游戏》（*A Curious Game of Croquet*），预载入的虚拟现实装置，于2021年在伦敦维多利亚和阿尔伯特博物馆展出。

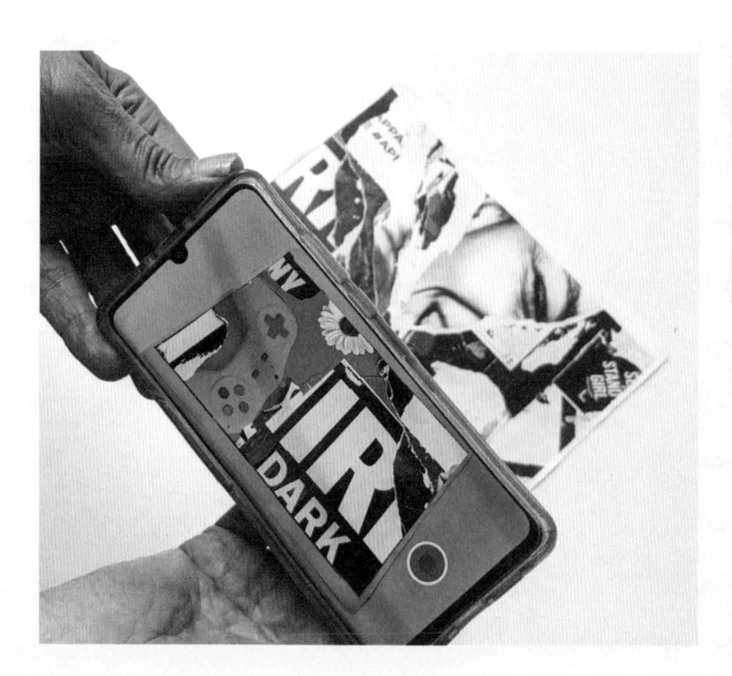

图60 克里斯·阿兰（Chris Arran）的《花的力量》（*Flower Power*，2022年）是一件增强现实艺术作品，可通过Artivive应用程序查看。

图61 Google Tilt笔刷的虚拟现实界面使艺术家能够在数字空间中进行绘画。格伦 · 基恩（Glen Keane）在《詹姆斯 · 柯登深夜秀》（*The Late Late Show with James Corden*，2017年）节目中进行演示。

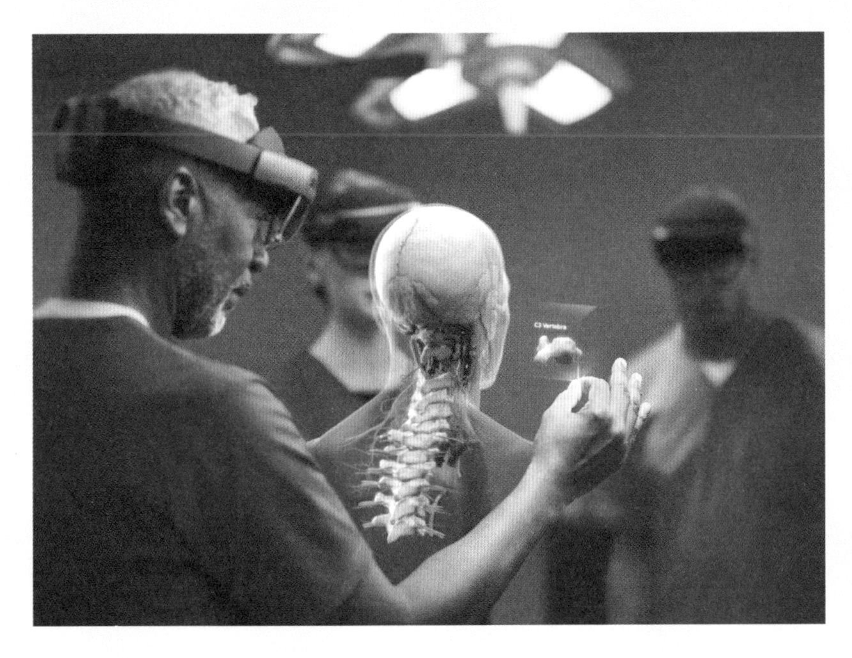

图62 微软HoloLens展示了增强现实在现实医疗应用中的潜力。

拥抱数字媒介

弗雷德·迪肯（Fred Deakin）的职业生涯丰富多彩，总是自然而然地涉足许多不同的媒介：他一开始是一名DJ，是Lemon Jelly乐队的成员之一，唱片销量超过50万张，随后创立并领导了数字机构Airside 14年。

方法路径

在人生旅程的每个阶段，弗雷德都对创造交互体验十分感兴趣，从20世纪80—90年代的沉浸式俱乐部体验到各种交互装置，弗雷德一直乐于接受新技术的挑战，以及随之而来的创造性机会。弗雷德跨越不同的媒介和创意进行工作，始终在多平台环境中运作。与不同的创意人员合作是他处理不同项目和利用每种媒介的关键。

弗雷德将他的每个项目都描述为“交付一段内容”，他希望为观众提供“全套完整”的内容，他的每个项目都包含一系列平台和媒介来创建不同的解决方案。他认为，作为一名艺术家和实践者，他创建多平台解决方案的动力源于天生的创造力，并且能够让想法创造性地涌现，而不会局限于单一既定的媒介或一组既定解决方案。使用一系列不同的平台使弗雷德能够产生独特的创意解决方案。

2012年，弗雷德与程序员兼动画师马雷克·贝雷扎（Marek Bereza）、音乐制作人詹姆斯·布利（James Bulley）以及前Airside联合导演纳特·亨特（Nat Hunter）合作，为法国国家数字博物馆（La Gaîté Lyrique）创作了视听互动装置艺术《电来自外星》（*Electricity Comes from Other Planets*）。该装置以八个“行星”为特色，它们根据观众的动作产生音乐和动画。

随后推出的《十三轮回》（*Thirteen Cycles*），是一项获得戏剧和技术奖（Theatre and Technology Award）的沉浸式多感官空间，由Project2的凯蒂·舒特（Katy Schutte）和克里斯·米德（Chris Mead）即兴表演了角色、对话和故事，弗雷德创作了配乐。《十三轮回》使用运动传感器和投影映射创建一个视觉环境，使布景能够通过连接到演员手腕上的VR控制器来响应演员的即兴创作。弗雷德说：“功能是在创作过程中体现的，我认为最重要的是我们试图制作一个特定的内容并将其交付给观众，并且该内容与技术同时作用。”

弗雷德·迪肯作品，《电来自外星》（*Electricity Comes From Other Planets*，2012）交互式视听装置。

弗雷德在他的项目《最后的人》（*The Lasters*）中应用了一些相同的方法，这是一张科幻摇滚歌剧概念专辑。虽然它的核心是一张专辑，但它是一个多平台协同和交互的产品。项目输出包括黑胶唱片、USB和Spotify（一款线上流媒体音乐播放平台）版本、现场表演、纪录片、特别版彩色玻璃窗灯箱和特别版签名海报印刷品。专辑封面采用交互式增强现实技术，当平板电脑或移动设备悬停在封面上的不同部分时，会播放曲目的不同元素。弗雷德说："如果你有四个设备分别指向四个图像，你便会收获四方和谐。"弗雷德的现场表演利用投影映射，结合动画和现场镜头支持通过音乐构建的叙事。该动画已被重新调整用途，以便可以在Spotify上收听歌曲时播放该动画。

3: Satellite Song - Mother
I see you
I feel you
I know you
But I'm not with you
Can't touch you
Can't hold you
Can't show you
How I miss you
Out in space,
far away
See your face
every day
Lost on the horizon
I feel you standing so close
to me
But time has been frozen
Reaching for you through eternity
A veil of pollution
Hiding the path that would lead me
through
The only solution
Sending my life force to rescue you
And the sky is slowly spinning
Now I feel the pull of gravity
I know the timing's right for me
I hear a rushing sound and now
I'm landing on the ground
On my way to you
Get the message through
5: Metal From The Skies
D: Metal from the skies - run and hide!
R: Don't be frightened.
D: You're tech - you're evil - don't
touch me! Father - let me back
downstairs!
R: I have come with a message from
your mother.
D: You're lying! My mother abandoned
us years ago - she chose her Tech
friends over me - she's a million miles
away on Mars.

对未来的思考

在思考未来时，弗雷德认为有很多巨大的机会，但只有通过将更广泛的人们聚集在一起合作，才能实现这些机会。“将技术投入于创造力，将创造力投入于技术。”弗雷德觉得，随着未来的召唤，“数字场景将变得面目全非，完全面目全非”。他还谈到了虚拟宇宙，即互联网的下一个演进——来自不同角落的人们可以在虚拟场景中聚会、玩耍、学习、创造、工作、互动并形成有意义的关系。他还设想了这样的场景：“超越智能设备的更加沉浸式的设备将彻底改变我们的数字体验”。

左　弗雷德·迪肯，《最后的人》（*The Lasters*，2019年），科幻概念专辑，带有增强现实海报和专辑封面。

下　《最后的人》现场表演与光电效果。

3.2 构建内容

当你设计和创建数字产品（如网站）时，很容易被某些设计的外观和功能冲昏头脑，但同样重要的是，要思考你真正想要传达的内容——文字以及图像。

对整个产品的内容进行组织以确保一切都在用户期望的位置，这被称为信息架构（Information Architecture，IA），其以格式塔原则背后的认知理论为基础（见“格式塔原则”，第111页）。IA与好的用户体验设计相互交叉融合，如果你的产品具有良好的IA，那么它将对你网站的用户体验产生积极影响。因此，IA需要了解你产品的受众及其使用产品的目的，以便你可以识别最重要的内容并有效地构建它。

IA应该帮助你确定产品的优先级是什么，以及后续的流程是什么。你可以通过以下方法开展：

- 了解你的竞争对手
- 定义你的内容
- 创建站点地图和线框图

在上述的每个阶段，用户测试、用户访谈和用户流程图将有助于构建你产品的IA。比如，通过创建关键部分标题的初始列表并进行卡片分类，你将开始了解用户如何在标题之间建立关联，或者通过创建用户流程图和简单的点击任务，在进行高昂投资的高保真甚至程序及代码工作前，先行了解用户是如何浏览网站的（更多内容请见“用户测试”，第94页；我们将在“产品可视化”中重点论述用户流程图及低保真/高保真模型，第136页）。

内容有效性

近年来，“假消息”受到媒体广泛关注。因此，确保你的设计向受众展示你所呈现的内容是值得信赖和可靠的显得尤为重要。产品的真实性部分是通过视觉来传达的，但同样也可以通过内容的细节来传达。

在设计中呈现内容（如文章或博客文章）时，突出以下要素将有助于增强内容的有效性。

- **信息源（Source of Information）**：明确内容来源
- **引出参考（References）**：包含内容所用来源的链接。考虑一下这些来源是什么，问问自己：“他们值得信赖吗？”“他们的观点是否是被广泛接受的？”
- **时效性（Date）**：明确内容的创建时间。随着时间的推移，想法和价值观会发生变化。添加日期将为信息提供来龙去脉
- **识别作者（Author）**：通过识别文章的作者或博客的作者，你可以展示我们为什么需要阅读该内容，作为各自领域专家的作者可以增加你网站的可信度

注意力与可读性

用户不会在网页上停留很长时间，因此重点关注内容非常重要，以便快速、清晰地传达产品内容。了解如何吸引用户的注意力将有助于你创建成功的产品。

当你向用户提供内容时，你需要确保其编写和结构方式能使所有用户都轻松理解。内容编写者管理此过程的一部分，如确保适当的词汇密度和纳入有助于搜索引擎找到你网站的关键字，但设计中还存在其他元素，包括版式、颜色和文字段落长短等。

将文本可视化划分为可管理的组块也可以帮助读者浏览读取信息。你可以使用以下方法执行此操作：

- 注意副标题（Subheadings）
- 段落分割点或编号列表（Bullet Points or Numbered Lists）
- 突出重要叙述（Pull Quotes）
- 利用图像（Images）

包含这些构成元素有助于使内容清晰易懂，为用户提供帮助，还可以帮助搜索引擎了解页面上的重要内容，这是为你的网站带来适当流量所必需的。

当你在产品可视化阶段创建高保真模型时（见“高保真模型”，第144页），请确保提供需要包含不同页面元素的示例：不同的标题级别及其外观，页面标题及其长度，基于搜索引擎优化（Search Engine Optimization，SEO）研究确定的关键字，以及支持所有屏幕尺寸的可读性排版。

微软研究院刘超（Chao Liu）和其同事们的一项研究发现，用户不会在网页上停留很长时间，但如果他们在前10秒内没有离开页面，他们通常会停留至少2分钟。你的产品能够快速吸引用户的注意力至关重要。

搜索引擎优化

搜索引擎优化的目标是通过在搜索引擎结果中将网站列在其他网站之上来为网站带来更多流量。搜索引擎优化曾经被认为是增加网站流量的唯一方法，但现在它是众多方法之一，各社交媒介平台也发挥着重要作用。搜索引擎优化仍然是你网站的一个重要方面。尽管这通常被认为有点“黑暗艺术”，但事实并非如此：它只需要很好地了解你的受众是谁，以及你希望他们如何找到你的产品和内容。

搜索引擎优化需要仔细计划和度量，度量可以构成计划和结果。虽然有许多技术考虑因素，如网站响应速度或页面重定向，但作为用户体验设计师，你需要关心的是了解搜索引擎优化的方法，以便在设计环境中应用它。

越早将搜索引擎优化考虑因素融入设计中，它们就会越有效。第一步是明确你的业务和项目目标是什么，知道你的受众是谁，了解你将如何衡量成功，并将定性和定量结果相整合。

当你使用搜索引擎时，它会应用复杂的算法，通过评估网页内容的编写方式，并按相关性顺序对内容进行排名，找到它认为与你最相关的结果。搜索引擎将响应语义和特定论述的主体以及相关术语。该算法在不断调整和完善，但从长远来看，规划良好的搜索引擎优化最重要的方面是确保你的网站是可信的，并且你的内容对于你的网站来说是独一无二的（见“内容有效性”，第131页）。

搜索引擎优化

米勒克尔·伊纳梅蒂-阿奇邦（Miracle Inameti-Archibong）是科技营销公司Erudite的搜索引擎优化主管，同时是一名演讲者、培训师和导师。Erudite是一家精品数字机构，与本地和全球品牌合作，帮助他们开发、嵌入和理解科技营销的价值和重要性。米勒克尔的职责是管理搜索引擎优化团队，包括负责客户策略和维护客户。米勒克尔与品牌团队合作，帮助他们了解使用关键设计和内容元素的重要性，并将用户输送到其网站。

方法路径

米勒克尔将搜索引擎优化描述为引导顾客前往商店的行为："如果你有一家实体店，人们怎么知道它在哪里？他们如何找到里面的东西？同时，一旦顾客找到了你，他们如何找到你店里的每个部门和品类呢？"

"他们如何快速结账并获得从你的商店购买商品的满足感？"米勒克尔继续说道，"如果你专注于用户，想确保他们能满意地快速完成他们想做的事情，那么就没有必要让事情变得复杂了。"

搜索引擎优化在产品创建过程中很重要，因为它可以帮助设计师和开发人员评估以下事项的容易程度。

- 寻找网站
- 方便用户了解网站
- 浏览网站
- 在网站上购买
- 供用户使用各类服务

通过执行所有这些操作，用户就知道了你的存在。米勒克尔说："你可以建立最漂亮的网站，但如果没有人知道你的存在，你就只是在浪费时间。"

项目开始时，在逐渐进入状态的过程中，你需要了解如何使用搜索引擎优化来构成你的产品并帮助你开发内容。米勒克尔表示，这通常是通过那些数据故事来实现的。这些数据是从用户分析工具和热力图（用户在网站上单击、移动和滚动位置的直观表示），以及用户与网站交互的记录中收集的。如果你正在创建一个新项目，你还可以查找竞争对手以了解行业局势。所有这些都使你能够进行用户分析和用户行为分析。而米勒克尔说，这反过来“使你能够提出测试理论及各种有理有据的假想”。

在一个关键项目中，Erudite与一位客户合作，帮助他们提高移动转化率。该项目的成功得益于早期的搜索引擎优化集成，这意味着客户和开发人员可以从一开始就进行沟通，并将不同的关键元素嵌入创作中，而不是在后期尝试对其进行改造。

对未来的思考

米勒克尔认为，未来数据和信息共享将继续增长，她表示，这提供了做更多事情的机会，特别是通过行为分析等方法。她说，这应该使设计师能够专注于为用户创造更加量身定制的体验。米勒克尔平衡了这一点，并提示说，在所有即时满足感已经存在的情况下，“想象接下来会发生什么是可怕的”。例如，语音用户界面很方便，并且“方便销售，所以当你允许设备以这种方式访问你的数据以使你的生活更方便时，人们是否意识到他们同意了什么”？令人紧张的设计道德与伦理、用户对其所分享内容的认知度以及科技公司的推动力将是值得关注的事情。

“你可以建立最漂亮的网站，但如果没有人知道你的存在，你只是在浪费时间。”

3.3 产品可视化

产品可视化不仅仅涉及创建一组细致精美的图像来展示产品的外观。有许多关键阶段可以帮助你识别并专注于产品的特定方面，以至于在整个过程中完善你的设计。

如果客户要求更改图像尺寸，与早期可视化阶段简单地在草图上重新绘制矩形相比，在设计过程的最后阶段会产生大量工作。设计过程中有许多关键的可视化环节可以帮助解决此类问题：

- 用户旅程图
- 站点地图和用户流程图
- 线框图
- 低保真原型或纸质原型图
- 高保真原型和可点击原型

每个阶段都应了解总体设计简报和目标，以及任何现有的设计系统和品牌指南。每个阶段的设计都建立在前一个阶段的基础上并为下一个阶段提供信息，使你能够专注于手头的特定任务，而不是冒着必须同时考虑太多元素而不知所措的风险。

可视化过程还使你能够与客户和潜在用户进行团队协作，以便在每个阶段都有机会收集用户反馈并进一步完善设计，并让每个人都了解项目的最新进展和期望。

在你明确定义产品后（见“了解客户”，第32页），设计过程的一个重要部分是规划产品的结构和内容。这是通过站点地图、用户流程图和线框图来实现的，这些图表构建了用户研究早期阶段开发的用户旅程图（见“用户旅程图”，第91页）。

站点地图（Sitemaps）

站点地图显示产品的整体结构，揭示信息的层次结构并帮助你思考用户将如何浏览产品——这将通过你的受众分析和项目目标来实现。在建立用户故事和用户流程后才创建站点地图，并与用户流程图一起绘制产品地图。两者都需要为下一阶段的用户测试创建线框图提供信息。

可以通过不同的方式创建站点地图。这里的示例是数字化创建（图63），但首先应尝试使用便签进行规划和布局，以测试不同的结构。创建站点地图时，你可能不会知道产品的所有最终内容，因此请重点关注不同的部分和小节，以及每个部分中可能出现的材料类型，这将帮助你定义设计各个方面的模板。

例如，你的主页可能与网站上的任何其他页面不同，但如果你发现你的内容页面设计结构存在重复，如一组内容类别（列表，长表格，运动图像）重复出现，那么这些可以成为关键模板的基础。模板将节省你的时间，并有助于在整个产品中创建一致的体验：例如，你只需为特定类别创建一种布局，因为该布局将在该类别中的所有页面上使用。记下你发现的任何

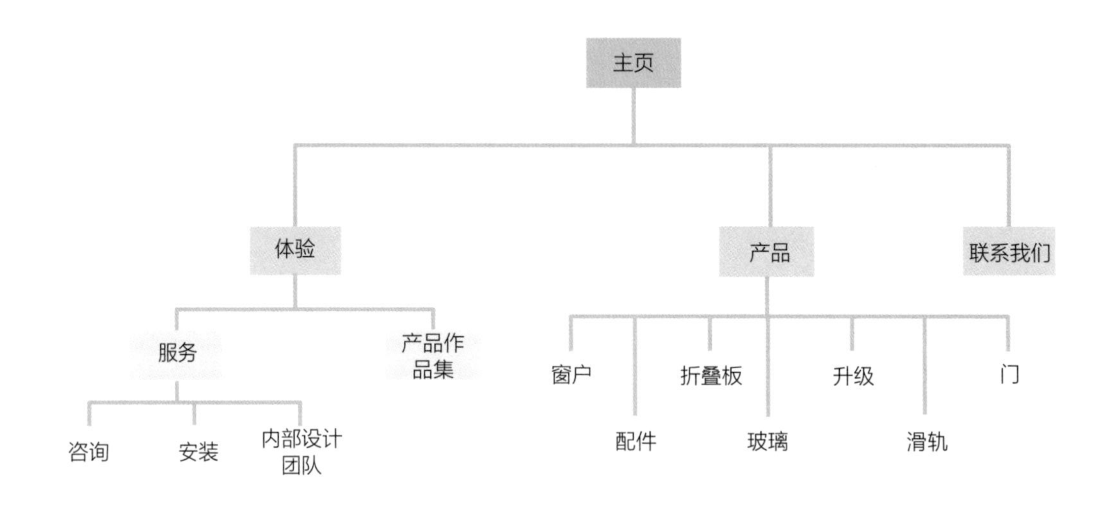

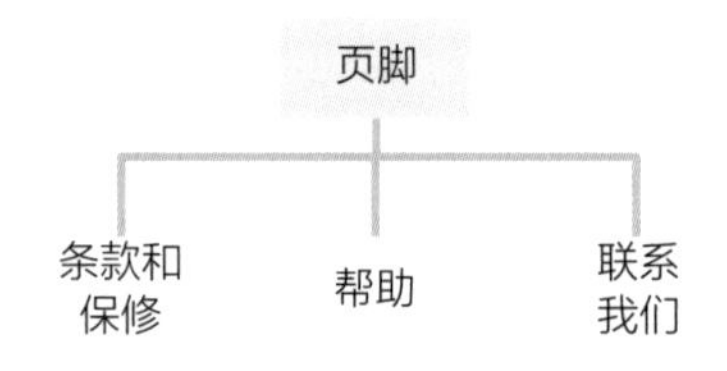

图63 站点地图列出了产品的架构和层次结构，帮助你规划导航。

模板，以便可以将它们包含在线框图中。

用户流程图（User Flow Diagrams）

用户流程图显示了产品的关键部分，类似于站点地图，但它不显示每个页面的详细信息。相反，其通过你的产品集中于一个特定的用户流程（图64）。用户旅程中的每个阶段都经过布局（图64中由矩形框表示），包含用户在此过程中需要做出选择或决定（图64中由菱形表示）。

在“了解用户”部分（第84页）我们已经论述了用户故事、用户场景以及用户旅程。在设计过程中，我们对整个用户旅程都充满好奇，包括用户的想法和感受，而用户流程图仅关注用户与产品的交互。

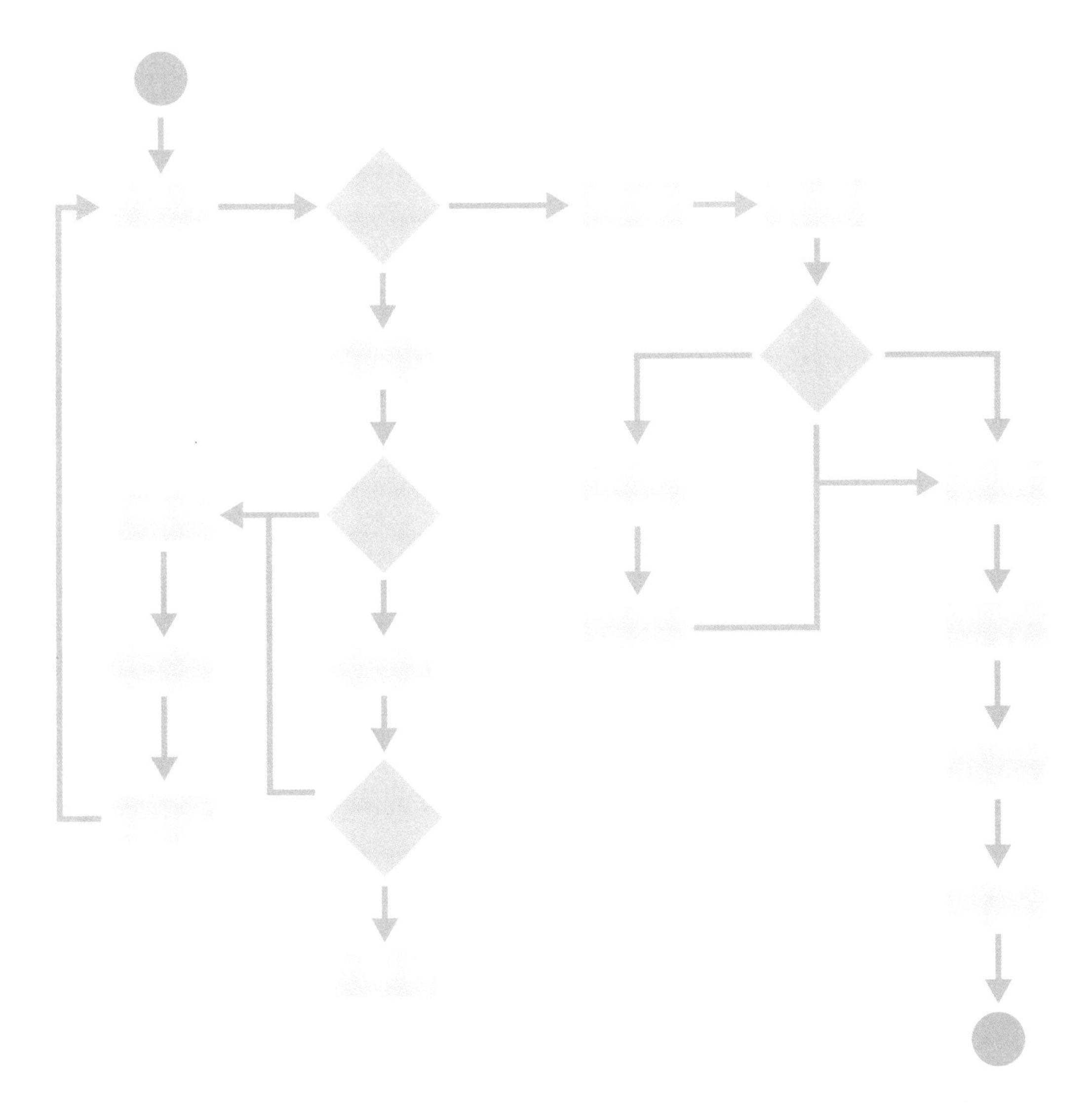

图64 用户流程图，显示用户使用产品的旅程。

用户流程图是根据早期用户画像阶段形成的人物角色和用户旅程创建的。其将帮助你了解用户希望从你的产品中获得什么，以及他们在旅程中的某个阶段所需要的特定信息。

你设计的任何产品都可能为你的用户提供许多不同的目标，这些目标应该反映在你的用户流程图中。例如，对于电子商务网站，你的主要目标［宏观目标（Macro Goal）或宏观转化（Macro Conversion）］可能是销售某些物品，但你还会有许多较小的目标［微观目标（Micro Goals）或微观转化

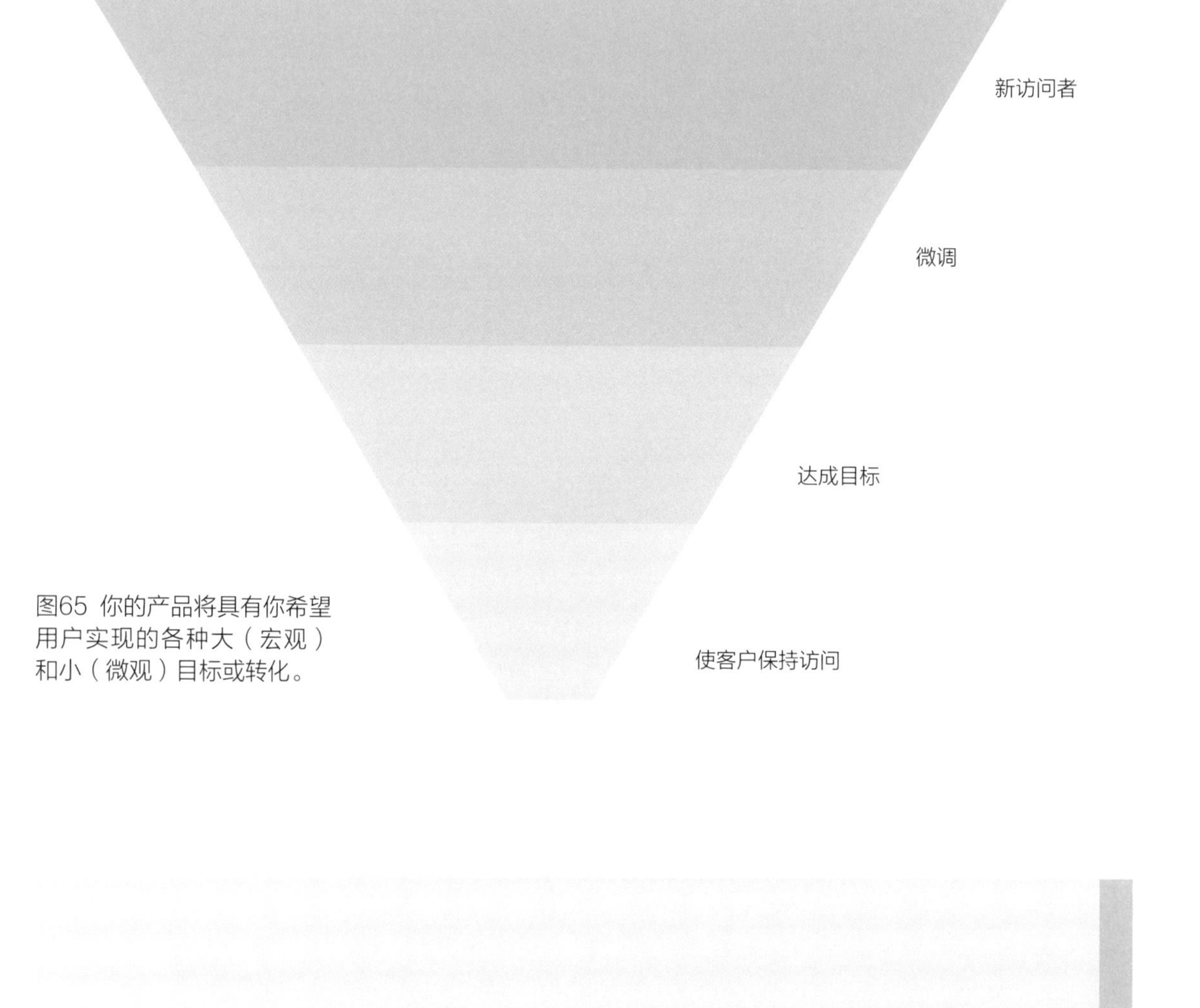

图65 你的产品将具有你希望用户实现的各种大（宏观）和小（微观）目标或转化。

0 20 40 60 80 100（%）

微观目标 宏观目标

图66 宏观目标通常仅由一小部分用户完成。大多数用户都会完成微观目标。

(Micro Conversions)]，如告诉你的受众如何找到离你的产品最近的商店，或开始在社交媒体渠道上关注你（这些与“讲故事”法中提到的高优先级和低优先级故事类似，第87页）。

了解这些不同的目标将帮助你将其反映在用户画像和用户流程图中，确保其在你产品的内容和构架中得以体现。宏观目标通常只有极少数访问你网站的人才能实现：对于电子商务网站，这可能大致占网站访问者的2%~4%，因此满足其他96%~98%受众的需求也是非常重要的（图65、图66）。

线框图（Wireframes）

线框有时被称为低保真原型，其工作方式与站点地图类似，但其多为独立层级（如网站的某个页面）。线框用于说明页面的结构、层次结构和导航，而不会受到颜色、图像和排版的干扰。线框使用横纵网格结构，包含内容所在的内容块，可以包括一些示例标题、菜单标题、占位符文和表示图像的灰色块，但仅此而已。

这里的例子是数字化绘制的（图67），但线框通常会以手绘草图的形式开始，然后演变成数字版本，或用作某些低保真原型的基础。线框图的目的是将产品的整体结构以可视化的形式快速传达。已提出的这些产品架构和导航是可以被反复测试的，线框图的优势在于，能使你在进行更多更加细节的设计工作之前轻松完善设计的总体思路。

你最初创建的线框图将基于你在站点地图中明确的不同部分和内容类型。创建初始线框图并收集相关团队的反馈后，你可能需要创建一组更完整的线框图，以便通过可真实点击的线框图开展特定任务的用户测试。

你生成的线框图应该适合你所需设计的屏幕尺寸（图67）。这意味着同一设计你需要制作三种变体（手机、平板电脑和台式机），以展示该设计在每个屏幕上的外观。

图67 线框图代表一个网站的独立部分，并不是像站点地图那样显示整个产品的全貌。

主页线框图（桌面端）

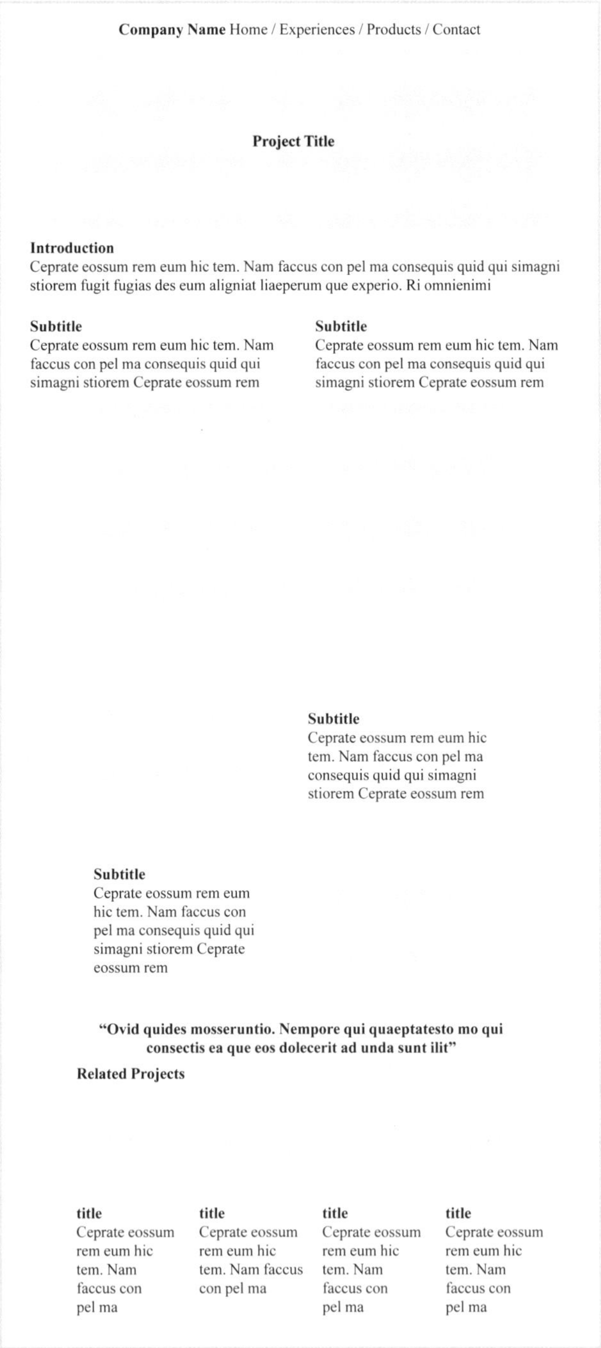

作品集页面线框图（桌面端）

作品集页面线框图（移动端）

低保真原型（Low-Fidelity Prototypes）

图68 纸质原型可以帮助您规划产品的导航。

图69 低保真原型设计对于规划产品结构也很有用。

低保真原型（也称纸质原型）是一种快速轻松地测试想法和用户旅程的方法。低保真原型侧重于导航、用户旅程和那些你想要测试的功能，它使你能够测试产品的工作机制，而不会因为最终的那些设计元素而分散用户的注意力。

低保真原型通常非常基本，是手绘的，使用纸、便利贴、钢笔、铅笔和剪刀等材料便可完成（图68）。低保真原型应该是一系列显示产品布局的草图，你可以与用户或你的团队一起测试（图69）。测试过程中你扮演计算机的角色：当用户点击草图上的选项（模拟点击）时，你通过将代表相应页面的纸放在他们面前来做出响应。你可以通过观察用户浏览你的产品，检验你对产品如何运作的想法是否正确，或者产品是否需要改进。

高保真原型（High-Fidelity Mock-ups）

一旦你明确了目标并完成了用户测试、站点地图和用户流程图，你的产品就会出现更清晰的画面，你即准备好创建一组高保真原型（图71、图72）。在项目早期创建高保真的视觉效果通常很诱人，但它们不会像你在后期阶段那样获得更全面的信息。这并不是说你的产品的高保真视觉设计并不那么重要。众所周知，“美学可用性效应”意味着用户通常会认为令人愉悦的设计更实用，并且选择忽略较小的可用性问题，正因为如此，在最后的高保真可视化阶段之前和环节进行可用性测试是很重要的。作为高保真阶段用户测试的一部分，需通过交互式点击供用户测试。

作品展见第150页

高保真视觉效果汇集了你设计的所有元素，它们不仅传达你产品的结构、导航和用户体验，还传达颜色、字体、图像等细节。

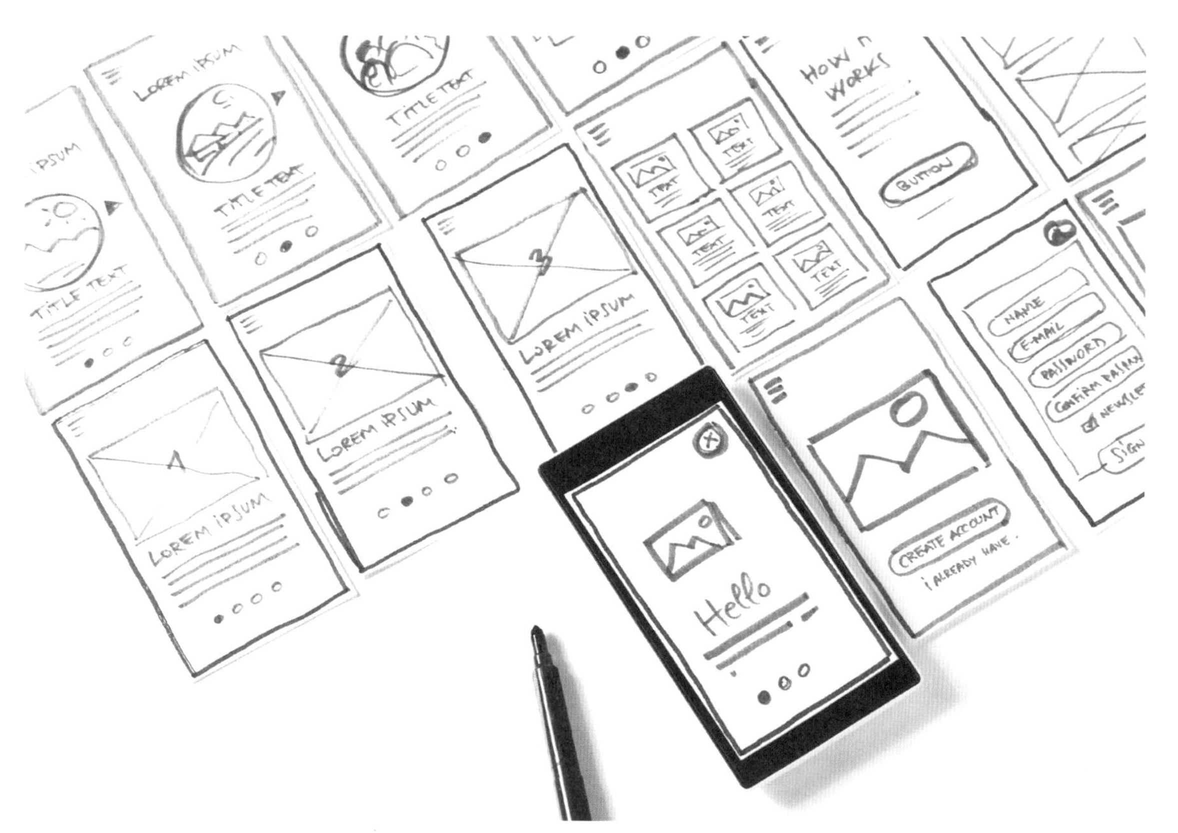
LOREM IPSUM
TITLE TEXT
TEXT
BUTTON
NAME
E-MAIL
PASSWORD
CREATE ACCOUNT
I ALREADY HAVE.
Hello

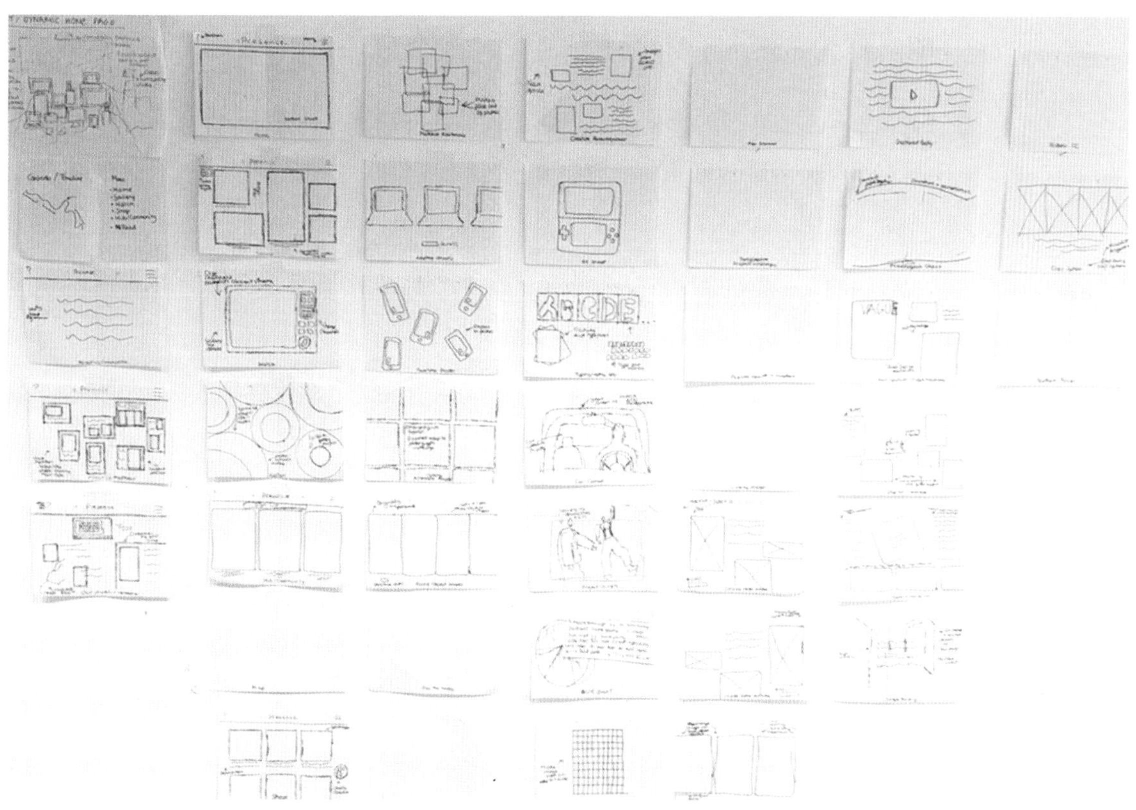

高保真可视化需要展示以下内容：

视觉一致性（Visual Consistency）。回想一下良好交互设计的准则（见“数字化设计方法”，第20页）。在用户从一个页面点击到另一个页面时，他们需要知道他们仍在同一个网站上。

品牌性（Branding）。要确保产品具有强大的、可识别的品牌性，并与该品牌所处的任何其他平台保持一致。

清晰（Clarity）。内容的设计应该清晰地表明用户可以做什么，不会让用户感到不知所措。

版式和字体尺寸（Typography and Type Size）。屏幕上的文本大小通常比打印时大得多。我们在使用不同的设备时其与人眼的距离不同，因此设计人员需要确保用户可以清楚地阅读所有设备上的所有文本，同时仍然保持清晰的信息层次结构。

语言风格（Language Style）。内容中使用的语言的风格和方法是什么？其与项目的目标有何契合？尽管在此阶段你的高保真模型可能仍包含占位符文本，但任何标题和导航元素都应反映预期目标。

图像大小和风格。设计需要考虑不同元素间的内容风格和版式。在针对不同设备、不同屏幕尺寸进行设计时，这一点尤其重要。

内容的有效性和真实性（Validity of Content and Authenticity）。线框图包含有助于创建有效内容的元素，而高保真模型不仅应将这些元素组合在一起，还应通过内容的呈现来加强其有效性。

拇指及手指友好型设计（Thumb Zone and Finger-Friendly Design）。手持设备的产品原型应考虑内容在屏幕上的位置、点击的难易程度，以及需要交互的元素的尺寸（图70）。

动态或移动（Motion or Movement）。如果存在任何形式的动画元素或运动元素，应该设法在高保真模型中传达这一点。

设计原则（Design Principles）。确保你在整个产品开发的过程中采用了正确的视觉设计原则进行产品设计及各类原型设计（见“设计原则”，第110页）。

图70 在为大屏幕智能手机显示的内容进行设计时，重要的是要考虑你的内容将落在屏幕上的位置，以及用户可以用拇指轻松触及的位置。

可达性（Accessibility）

在产品的每个要素中，你还需要考虑其可达性。根据英国的设计指导，可达性意味着“使你的内容和设计足够清晰和简单，以便大多数人无须调整即可使用它，同时支持那些确实需要调整的人”。万维网联盟（The World Wide Web Consortium，W3C）和《美国残疾人法案》（*Americans with Disabilities Act*）提供了有关可达性（包括在数字空间）的进一步指导建议。在高保真模型中，你应该做到：

- 确保文本颜色在背景中清晰可见
- 确保内容结构合理，并且可以通过屏幕阅读器导航和阅读
- 不要使用色彩作为解释或区分事物的唯一方式
- 使用有意义的标题和标签，确保任何可访问的标签与你在界面中使用的标签匹配或非常相似
- 使用标题和间距对相关内容进行分组
- 确保功能看起来一致并且以可预测的方式运行，并考虑其将如何在不同的设备/屏幕尺寸上工作
- 表明如何显示音频和视频的文字转译或播报
- 给出视频字幕的显示方式
- 向人们展示如何播放、暂停和停止等任意内容的操作功能
- 为用户展示如何禁用动画或不使用闪烁的内容
- 提供“跳转内容”链接

小结

本部分我们探讨了可用于完善数字产品的一系列工具和方法，其由数字化设计方法而来，包括如何有效地利用数字媒介的优点和缺点来构建那些可在多种设备上运行的产品，以提供尽可能好的产品为你的用户带来交互体验。我们说明了使用信息架构和搜索引擎优化来建构内容，并最大限度地延长用户在产品上花费的时间，以及如何通过不同的产品可视化来测试交互界面的有效性。

在用户体验设计中，至关重要的是让你的受众处于最前沿，可利用数字设计流程的迭代性来加深对用户的理解，并在各个阶段进行测试以不断完善你的产品。每个阶段都可以帮助你将整体项目任务分解，从而专注于子任务，以便逐步构建完整的设计解决方案。

作品展3.1：高保真原型（High-Fidelity Mock-Ups）

Why we do it

Our Range

图71 伦敦Ecovia细木工设计顾问的高保真桌面模型（未使用的早期版本）。

图72 伦敦Sam's Café桌面端和移动端高保真原型。

引注

粗体数字指的是引注出现的页面。

4: Rob Walker (2003), 'The Guts of a New Machine', *New York Times Magazine*, https://www.nytimes.com/2003/11/30/ magazine/the-guts-of-a-new-machine. html.

6: Nielsen Norman Group (2016), *Don Norman on the Term 'UX'* (video, 2 mins.), https://www.nngroup.com/ videos/don-norman-term-ux/.

6, 9: Nielsen Norman Group (2019), *The Immutable Rules of UX (Jakob Nielsen Keynote)* (video, 39 mins.), https://www.nngroup.com/videos/rules-ux/.

第一部分：方法和路径

12: Hundreds of different approaches. Design Methods Finder, https:// design-methodsfinder.com/.

14: IDEO, https://designthinking.ideo.com/.

15: GV, 'The Design Sprint', https://www.gv.com/sprint/.

17: Diana Mounter (2016), 'How to Empower Designers to Code', *Creative Bloq*, https://www. creativebloq.com/web-design/empower-designers-code-41619919.

18, 19: Design Council (2019), 'Framework for Innovation: Design Council's Evolved Double Diamond', https://www.designcouncil.org.uk/our- work/skills-learning/tools-frameworks/ framework-for-innovation-design- councils-evolved-double-diamond/.

20: Gillian Crampton Smith's basics of good interaction design. Bill Moggridge (2007), *Designing Interactions*, Cambridge, MA: MIT Press.

For more on interaction design, see Bruce Tognazzini (2014), 'First Principles of Interaction Design (Revised & Expanded)', AskTog: Interaction Design Solutions for the Real World, https://www.asktog.com/atc/ principles-of-interaction-design/.

21: The waterfall approach … is 'only appropriate for some types of system'. Ian Sommerville (2016), *Software Engineering*, 10th ed., Global edition, Pearson Education.

22: See also Kent Beck et al. (2001), 'The Agile Manifesto', Agile Alliance, https://www.agilealliance.org/agile101/the-agile-manifesto/.

35: Damian O'Malley and Steven Stark (2008), 'The Brief for the Sistine Chapel', https://workshop.marketing/ wp-content/uploads/2018/06/ TheBrieffortheSistineChapel.pdf.

36: Lorinda Mamo (n.d.), Alara Design Studio, https://www.alaradesignstudio.com/ (accessed 8 September 2022).

43: Ben Beaumont-Thomas (2015), 'Holly Herndon: The Queen of Tech-Topia', interview, *Guardian*, https://www.theguardian.com/music/2015/apr/26/holly-herndon-platform-interview-queen-of-tech-topia-electronic-music-paradise-politics.

Jeremy Gordon (2014), 'Holly Herndon Breaks Up with the NSA in Video for New Song "Home"', Pitchfork, https://pitchfork.com/news/56712-holly- herndon-breaks-up-with-the-nsa-in- video-for-new-song-home/.

Metahaven, dir. (2014), *Holly Herndon – Home* (music video, 7 mins.), https://www.youtube.com/ watch?v=I_3m-CDJ_iWc.

44: Marshall McLuhan and Quentin Fiore (2008), *The Medium Is the Massage*, London: Penguin Books.

44: Martin Lister (2009), *New Media: A Critical Introduction*, 2nd ed., London and New York: Routledge.

46: Tinder (2019), Swipe Night, interactive event, https:// tinderswipenight-entry.com/.

46: BBDO New York, 'Thinx: MENstruation', https://bbdo.com/work/5daa0425f1e61ddc75b5a8c0.

46, 47: Danah Boyd (2014), *It's Complicated: The Social Lives of Networked Teens*, New Haven and London: Yale University Press.

47: Kranzberg's first rule of technology. Melvin Kranzberg (1986), 'Technology and History: "Kranzberg's Laws"', *Technology and Culture 27*, no. 3, pp. 544–60.

47: William Gibson in 'The Science in Science Fiction' (2018), *Talk of the Nation*, NPR, https://www.npr.org/2018/10/22/1067220/the-science-in-science-fiction?t=1642607883243.

49: Dominic Wilcox, 'No Place L49: Dominic Wilcox, 'No Place Like Home GPS Shoes', https://www. dominicwilcox.com/gpsshoes.htm.

50: Rafael Lozano-Hemmer, *'Remote Pulse'*, https://lozano-hemmer.com/remote_pulse.php.

51: United Visual Artists, *'Topologies#1'*, https://www.uva.co.uk/features/topologies1.

51: Jacquard by Google, https://atap.google.com/jacquard/.

52: Elas Duas, @elasduas.

53: 'Artist "Vandalises" Snapchat's AR Balloon Dog Sculpture' (2017), BBC News, https://www.bbc.co.uk/news/technology-41524550.news/technology-41524550.

54: 'Olafur Eliasson', Acute Art, https://acuteart.com/artist/olafur-eliasson/.

54: 'Tomás Saraceno', Acute Art, https://acuteart.com/artist/tomas-saraceno/.

55: PAN Studio, 'Hello Lamp Post', http://panstudio.co.uk/project/ hello-lamp-post/.

'Hello Lamp Post' (2013), Playable City, https://www.playablecity.com/projects/hello-lamp-post/.

55: BBDO New York, 'Thinx: MENstruation', https://bbdo.com/work/5daa0425f1e61ddc75b5a8c0.

第二部分：认识受众

58: Daniel Miller (2009), *Stuff,* Cambridge, UK: Polity Press, p. 113.

58: Caroline Criado Perez (2019), *Invisible Women: Exposing Data Bias in a World Designed for Men,* London: Chatto & Windus.

60: Junh3 (2021), 'The Instagram Ads Facebook Won't Show You', Signal blog, https://signal.org/blog/ the-instagram-ads-you-will-never-see/.

64: Russell L. Ackoff (1989), 'From Data to Wisdom', *Journal of Applied Systems Analysis* 16, pp. 3–9.

69: Carly Fiorina (2004), 'Information: The Currency of the Digital Age', opening speech at Oracle OpenWorld, San Francisco, https://www.hp.com/ hpinfo/execteam/speeches/ fiorina/04openworld.html.

71: 'The History of Symbols: ISOTYPE' (2012), A Short Introduction to Graphic Design History, http://www. designhistory.org/Symbols_pages/isotype.html.

Wim Jansen (2009), 'Neurath, Arntz and ISOTYPE: The Legacy in Art, Design and Statistics', *Journal of Design History* 22, no. 3, pp. 227–42, https://doi.org/10.1093/jdh/epp015.

Otto Neurath (1933), *Empiricism and Sociology,* quoted in Per Mollerup (2015), *Data Design: Visualising Quantities,* Locations, Connections, London: Bloomsbury Visual Arts, p. 13.

72, 73: Richard Saul Wurman, Loring Leifer, David Sume, et al. (2001), *Information Anxiety 2,* expanded and updated ed., Indianapolis: Que.

73: Stephen Kosslyn (2006), *Graph Design for the Eye and Mind,* Oxford and New York: Oxford University Press.

75: Per Mollerup (2015), *Data Design: Visualising Quantities, Locations, Connections,* London: Bloomsbury Visual Arts.

75: Cole Nussbaumer Knaflic (2015), *Storytelling with Data: A Data Visualization Guide for Business Professionals,* Hoboken, NJ: Wiley, pp. 12, 184.

88: User stories in the agile process. Mike Cohn (2004), *User Stories Applied: For Agile Software Development,* Boston: Addison-Wesley.

第三部分：优化产品

106, 108: Marshall McLuhan and Quentin Fiore (2008), *The Medium Is the Massage,* London: Penguin Books, p. 81.

107: Jonathan Harris and Greg Hochmuth (2015), *Network Effect,* MIT Docubase, https://docubase. mit.edu/project/network-effect/. See also the project website: https://networkeffect.io/.

108: Douglas Rushkoff (2011), *Program or Be Programmed: Ten Commands for a Digital Age,* Berkeley, CA: Soft Skull Press.

Mele Koneya and Alton Barbour (1976), *Louder Than Words: Nonverbal Communication,* Interpersonal Communication series, Columbus, OH: Merrill.

115: Beyond Words Studio, *Plane Talking,* https://beyondwordsstudio. com/our-work/plane-talking/.

116: Alan Cooper (2004), *The Inmates Are Running the Asylum,* 2nd ed., Indianapolis: Sams Publishing, p. 19.

123: Eloise Calandre, https://www.eloisecalandre.com/.

132: Chao Liu, Ryan W. White, and Susan Dumais (2010), 'Understanding Web Browsing Behaviors through Weibull Analysis of Dwell Time', *SIGIR '10: Proceedings of the 33rd International ACM SIGIR Conference on Research and Development in Information Retrieval,* pp. 379–86, https://doi.org/10.1145/1835449.1835513.

See also Jakob Nielson (2011), 'How Long Do Users Stay on Web Pages?', Nielsen Norman Group, https://www.nngroup.com/articles/how-long-do-users-stay-on-web-pages/.

138, 139: 'How to Make a User Flow Diagram' (2022), Creately blog, https://creately.com/blog/diagrams/ user-flow-diagram/.

144: Ross Johnson (n.d.), 'Paper Prototyping for Design Sprints', 3.7 Designs blog, https://3.7designs.co/blog/2019/02/15/paper-prototyping- design-sprints/.

148: *Understanding Accessibility Requirements for Public Sector Bodies* (2018), London: Central Digital and Data Office, Cabinet Office, https:// www.gov.uk/guidance/accessibility- requirements-for-public-sector- websites-and-apps (last updated 22 August 2022).

'W3C Accessibility Standards Overview' (2022), W3C, https://www.w3.org/WAI/standards-guidelines (last updated 29 June 2022).

'Website Accessibility Under Title II of the ADA' (2007), chapter 5 of *ADA Best Practices Thool Kit for State and Local Governments,* Washington, DC: Americans with Disabilities Act, Civil Rights Division, U.S. Department of Justice, https://www.ada.gov/pcatoolkit/chap5toolkit.htm.

拓展阅读

用户体验设计

Allanwood, Gavin, and Peter Beare (2019). *User Experience Design: A Practical Introduction.* 2nd ed. London: Bloomsbury.

Cooper, Alan, Robert Reimann, David Cronin, and Christopher Noessel (2014). *About Face: The Essentials of Interaction Design.* 4th ed. Indianapolis: Wiley.

Hartson, Rex, and Pardha S. Pyla (2019). *The UX Book 2: Agile UX Design for a Quality User Experience.* 2nd ed. Cambridge, MA: Morgan Kaufmann.

Lang, James, and Emma Howell (2017). *Researching UX: User Research.* Victoria, Australia: Sitepoint.

Norman, Donald A. (2004). *Emotional Design: Why We Love (or Hate) Everyday Things.* New York: Basic Books.

设计方法

Brown, Tim, and Barry Katz (2019). *Change by Design.* Rev. ed. New York: HarperCollins.

Case, Steve (2017). *The Third Wave: An Entrepreneur's Vision of the Future.* New York: Simon & Schuster.

Cleese, John (2020). *Creativity: A Short and Cheerful Guide.* London: Hutchinson.

Figueiredo, Lucas Baraças, and André Leme Fleury (2019). 'Design Sprint versus Design Thinking: A Comparative Analysis.' *Capa 14,* no. 5, pp. 23–47. https://revista.feb.unesp.br/index.php/gepros/article/view/2365.

Frascara, Jorge (1997). *User-Centred Graphic Design: Mass Communications and Social Change.* London: Taylor & Francis.

Frascara, Jorge (2004). *Communication Design: Principles, Methods, and Practice.* New York: Allworth.

Gibbons, Sarah (2016). 'Design Thinking 101.' Nielsen Norman Group. https://www.nngroup. com/articles/design-thinking/.

Howkins, John (2020). *Invisible Work: The Hidden Ingredient of True Creativity, Purpose and Power.* London: September Publishing.

Knapp, Jake, John Zeratsky, and Braden Kowitz (2016). *Sprint: How To Solve Big Problems and Test New Ideas in Just Five Days.* New York: Simon & Schuster. https://www.thesprintbook.com.

McDougall, Sean (2012). 'Co-Production, Co-Design, Co-Creation: What Is the Difference?', Stakeholder Design. https://www.stakeholderdesign.com/co-production- versus-co-design-what-is-the-difference/.

Noble, Ian, and Russell Bestley (2018). *Visual Research: An Introduction to Research Methodologies in Graphic Design.* 3rd ed. London: Bloomsbury Visual Arts.

Norman, Donald A. (2013). *The Design of Everyday Things.* Rev. and expanded ed. Cambridge, MA: MIT Press.

设计系统

Google. Material Design. https://material.io/ design.

GOV.UK Design System. https://design-system. service.gov.uk/.

Saarinen, Karri (n.d.). 'Building a Visual Language: Behind the Scenes of Our New Design System.' Airbnb Design. https://airbnb. design/building-a-visual-language/.

Salesforce. Lightning Design System. https:// www.lightningdesignsystem.com/.

Suarez, Marco, Jina Anne, Katie Sylor-Miller, et al. (2017). *Design Systems Handbook.*

DesignBetter.co by InVision. https://www. designbetter.co/design-systems-handbook.

了解客户

Belsky, Scott (2010). *Making Ideas Happen.* London and New York: Portfolio Penguin.

Fielding, Daryl (2022). *The Brand Book.* London: Laurence King.

Strat&Art (2014). *Every Project Starts with a Brief. But…* Video, 26 mins. https://www. youtube.com/watch?v=3X6SdM-Rag-Y.

多平台空间

Krotoski, Aleks (2013). *Untangling the Web: What the Internet Is Doing to You.* London: Faber & Faber.

Moggridge, Bill (2010). *Designing Media.*

Cambridge, MA: MIT Press.

Powers, William (2010). *Hamlet's Blackberry.* New York: HarperCollins.

Putnam, Robert D. (2007). *Bowling Alone.* New York: Simon & Schuster.

Rushkoff, Douglas (2014). *Present Shock: When Everything Happens Now.* New York: Current.

Shirky, Clay (2009). *Here Comes Everybody.* London: Penguin.

Turkle, Sherry (2017). *Alone Together.* 3rd ed. New York: Basic Books.

数据采集

D'Ignazio, Catherine, and Lauren F. Klein (2020).

Data Feminism. Cambridge, MA: MIT Press.

数据可视化呈现

Battle-Baptiste, Whitney, ed. (2018). *W. E. B. Du Bois's Data Portraits: Visualizing Black America.* New York: Princeton Architectural Press.

McCandless, David (2014). *Knowledge Is Beautiful.* London: William Collins; New York: Harper Design.

Posavec, Stefanie, and Giorgia Lupi (2016).

Dear Data. London: Particular Books.

Tufte, Edward R. (1990). *Envisioning Information.* Cheshire, CT: Graphics Press.

讲故事

Huber, Amy M. (2018). *Telling the Design Story: Effective and Engaging Communication.* New York: Routledge.

Loizou, Andreas (2022). *The Story Is Everything: Mastering Creative Communications for Business.* London: Laurence King.

Rehkopf, Max (n.d.). 'User Stories with Examples and a Template.' Atlassian. https://www.atlassian.com/agile/ project-management/user-stories.

Schepers, Nicolas (2017). '8 Lessons on Creating Strong User Journey Narratives.' U-Sentric Blog. https://medium.com/@usentric/8-lessons-on-creating-strong- user-journey-narratives-57cccf69f759.

了解用户与用户测试

Bell, Judith, and Stephen Waters (2018). *Doing Your Research Project: A Guide for First-Time Researchers.* 7th ed. London: Open University Press.

Buley, Leah (2013). *The User Experience Team of One: A Research and Design Survival Guide.* Brooklyn, NY: Rosenfeld Media.

Krug, Steve (2014). *Don't Make Me Think, Revisited: A Common Sense Approach to Web Usability.* 3rd ed. San Francisco: New Riders.

Kuniavsky, Mike, Elizabeth Goodman, and Andrea Moed (2012). *Observing the User Experience: A Practitioner's Guide to User Research.* 2nd ed. Waltham, MA: Morgan Kaufmann.

Portigal, Steve (2013). *Interviewing Users: How to Uncover Compelling Insights.*

Brooklyn, NY: Rosenfeld Media.

Unger, Russ, and Carolyn Chandler (2012). *A Project Guide to UX Design: For User Experience Designers in the Field or in the Making.* 2nd ed. San Francisco: New Riders.

设计数字界面

Moggridge, Bill (2007). *Designing Interactions.* Cambirdge, MA: MIT Press.

Stopher, Ben, John Fass, Eva Verhoeven, and Tobias Revell (2021). *Design and Digital Interfaces: Designing with Aesthetic and Ethical Awareness.* London: Bloomsbury Visual Arts.

Yablonsky, Jon (2020). *Laws of UX: Using Psychology to Design Better Products and Services.* Sebastopol, CA: O'Reilly.

搜索引擎优化

Enge, Eric, Stephan M. Spencer, and Jessie Stricchiola (2015). *The Art of SEO: Mastering Search Engine Optimization.* 3rd ed.

Sebastopol, CA: O'Reilly.

'What Is SEO / Search Engine Optimization?' (2010). Search

Engine Land. https:// searchengineland.com/guide/what-is-seo.

可达性

'Designing for Web Accessibility' (2015). W3C. https://www.w3.org/WAI/tips/designing (last updated 9 January 2019).

'Understanding WCAG 2.1' (2018). GOV.UK Service Manual. https://www.gov.uk/service- manual/helping-people-to-use-your-service/ understanding-wcag (last updated 24 May 2022).

图表

粗体数字表示图像出现的页面（t：顶部，b：底部，l：左侧，r：右侧）。

7 wee dezign/Shutterstock.com; **12** *The Process of Design Squiggle* by Damien Newman, thedesignsquiggle.com; **18** Design Council's Framework for Innovation 2019, courtesy Design Council; **24** Illustration and concept by Jeff Patton based on John Armitage's original illustration, reproduced with permission; **27** Courtesy Material.io; **29, 31** Carbon Design System, courtesy Design Program Office, IBM; **32** From *The Oregon Experiment* by Christopher Alexander, Oxford University Press 1975, Reproduced with permission of the Licensor through PLSclear; **34l** We are/Getty Images; **34r** Gorodenkoff/Shutterstock; **39** Reproduced courtesy of CARE USA; **43** Courtesy Beggars Group Media Limited; **49** Courtesy Dominic Wilcox, photo: Joe McGorty; **50** © DACS/VEGAP 2022, photo by Monica Lozano; **51t** Courtesy United Visual Artists; **51b** Liz Hafalia/The San Francisco Chronicle/Getty Images; **52** Courtesy Elas Duas; **53t,b** Courtesy Sebastian ErraZuriz Studio; **54t** Courtesy Studio Olafur Eliasson; **54b** Courtesy the artist and Arachnophilia, © Tomás Saraceno; **55t** Courtesy Watershed, Bristol; **55b** Courtesy Thinx, Inc., BBDO; **60** Courtesy Signal; **61, 62, 68** Mark Wells; **71** Otto and Marie Neurath Isotype Collection, University of Reading; **74t** Free material from www.gapminder.org; **74b** artjazz/Shutterstock.com; **74b** (inset) BestForBest/Shutterstock.com; **76** Library of Congress, Washington, D.C., LC-DIG-ppmsca-33913; **77t,b** Wellcome Collection; **78t** © Mona Chalabi; **78b** Courtesy Stefanie Posavec; **79** Courtesy Erin Davis (ERDavis.com); **81** Courtesy Stefanie Posavec; **82** Courtesy Stefanie Posavec; **83** Courtesy Stefanie Posavec; **85** FotoAndalucia/Shutterstock.com; **86** From https://accessibility.blog.gov.uk/2019/02/11/using-persona-profiles-to-test-accessibility/ Open Government Licence v3.0; **95** Prathankarnpap/Shutterstock.com; **107** Network Effect (networkeffect.io), 2015, Jonathan Harris & Greg Hochmuth; **113t** Neil Fraser/Alamy Stock Photo; **113bl** Oleksiy Maksymenko Photography/Alamy Stock Photo; **113br** Jim Goldstein/Alamy Stock Photo; **114tl** hanibaram/iStock; **114tr** Lee Bryant Photography/Shutterstock.com; **114b** Valentin Valkov/Shutterstock.com; **115t** Stanca Sanda/Alamy Stock Photo; **115b** Courtesy NATS | nats.aero and Beyond Words Studio Ltd; **117** © Daimler AG; **122t,b** M4OS Photos/Alamy Stock Photo; **123t** Grandbrothers/Alamy Stock Photo; **123b** Courtesy Eloïse Calandre; **124tl** Marc Bruxelle/Alamy Stock Photo; **124tr** Vickie Flores/EPA-EFE/Shutterstock; **124b** Christopher Arran www.chrisarran.com; **125t** Terence Patrick/CBS Photo Archive/Getty Images; **125b** Used with permission from Microsoft; **127** Courtesy Fred Deakin; **128** Courtesy Fred Deakin, photo: Cameron Gleave; **128** Courtesy Fred Deakin; **129** Courtesy Fred Deakin, photo: Dave Hickman; **145t** JpegPhotographer/Shutterstock.com; **145b** Mark Wells; **150** Courtesy Ecovia; **151** Courtesy Sam's Café

致谢

我要感谢卡拉·哈特斯利·史密斯（Kara Hattersley-Smith）和莉兹·法贝尔（Liz Faber）委托我编写这本书，感谢乔迪·辛普森（Jodi Simpson）耐心编辑，感谢苏菲·哈特利（Sophie Hartley）帮助获取所有令人惊叹的图片，感谢艾伦·萨默维尔（Allan Sommerville）通过他的设计表达了这本书的原则，感谢特里斯坦·史蒂文斯（Tristan Stevens）的反馈。还要感谢索菲（Sophie）给我空间来写这本书。